W0180933

Der
TASCHEN
MENTOR

MUTIG HANDELN. ERFOLGREICH LEBEN.

FELIX THÖNNESSEN

Bibliografische Information der Deutschen Nationalbibliothek
Die Deutsche Nationalbibliothek verzeichnet diese Publikation in der Deutschen Nationalbibliografie. Detaillierte bibliografische Daten sind im Internet über http://dnb.d-nb.de abrufbar.

Für Fragen und Anregungen
info@finanzbuchverlag.de

Originalausgabe
1. Auflage 2021
© 2021 by Finanzbuch Verlag, ein Imprint der Münchner Verlagsgruppe GmbH
Türkenstraße 89
80799 München
Tel.: 089 651285-0
Fax: 089 652096

Redaktion: Petra Sparrer
Korrektorat: Manuela Kahle
Umschlaggestaltung: Marc-Torben Fischer
Umschlagabbildung: Fotoagentur Wolf, Julia Schümann, Magaretenhöhe 13A, 51465 Bergisch Gladbach
Layout: Manuela Amode, Hintergrundgrafik: Lukasz Szwaj/shutterstock.com, Paladin12/shutterstock.com
Satz: Carsten Klein, Torgau
Druck: Graspo CZ, Tschechische Republik
Printed in the EU

ISBN Print 978-3-95972-441-8
ISBN E-Book (PDF) 978-3-96092-879-9
ISBN E-Book (EPUB, Mobi) 978-3-96092-880-5

Wir produzieren
nachhaltig
www.m-vg.de

Weitere Informationen zum Verlag finden Sie unter

www.finanzbuchverlag.de

Beachten Sie auch unsere weiteren Verlage unter www.m-vg.de

EIN ÜBERBLICK, WAS DICH ERWARTET

HALLO! SCHÖN, DASS DU DA BIST.

Ich begrüße dich mit Pauken und Trompeten. Bist du bereit für eine kleine Reise?

Den Titel unseres Reiseführers habe ich beim Schreiben gefühlt 100-mal geändert. Welcher Titel wird dich ansprechen? Welcher Titel fällt im Bücherregal auf? Was passt wirklich zum Inhalt? Fragen über Fragen. Warum das Buch jetzt so heißt? Das will ich dir sagen: Du sollst wissen, welchen Nutzen mein Buch für dich hat. Und ich kann dir an dieser Stelle von Herzen versprechen: Es ist das beste Buch, das ich jemals geschrieben habe. Nicht weil ich ein so toller Hecht bin, sondern weil der Fokus dieses Buchs nur auf einer einzigen Person liegt, und die bist du. Natürlich bleibe ich die ganze Zeit an deiner Seite. Dieses Buch heißt Taschenmentor, weil es dich wie ein Reiseführer begleitet und symbolisch in deiner Tasche steckt. Tatkräftige Unterstützung bekomme ich vom lieben Onkel Schmunzel, der ab und an mehr oder weniger sinnvolle Kommentare von sich gibt.

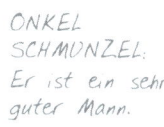

FELIX:
Das Leben eines Autors ist nicht leicht.

ONKEL SCHMUNZEL:
Er ist ein sehr guter Mann.

Ich nehme dich mit auf eine Reise – eine Reise durch deine Vergangenheit, in deine Gegenwart und zu deinen sehnsüchtigsten Wünschen für die Zukunft. Unsere Reise wird weder esoterisch noch spirituell. Noch wird sie geprägt sein von Business-Weisheiten und inhaltsleeren Motivationssprüchen. Du wirst eine Menge von mir erfahren, und ich von dir. Wir werden Träume, Ängste und Gefühle miteinander teilen. Auch ich begebe mich auf eine aufregende und spannende Reise, bei der ich mich auf Dinge einlasse und Erfahrungen teile, die ich so mit noch niemandem geteilt habe. Meine Erfahrungen werden dir helfen, deinen eigenen Weg zu reflektieren und neue Pfade zu entdecken.

Wir werden lachen, grübeln und eine Menge Zeit miteinander verbringen. Wir werden Entscheidungen treffen, Dinge verändern und Risiken eingehen. Ich nehme dich an die Hand und begleite dich auf deinem Weg, wie das ein großer Bruder tut. Ich stehe dir zur Seite und bin stets für dich da. Ich habe selbst zwei großartige Geschwister, für die ich oft genau dieser große Bruder sein durfte – ein großer Bruder, der seine Schwester beschützt und seinem kleinen Bruder die Welt zeigen durfte. All das war mir ein wichtiges Anliegen, als der Verlag dieses Buch bei mir anfragte. Ich möchte dich dort unterstützen, wo du es am meisten brauchst, und zwar mit echter Erfahrung und nicht mit sinnfreien Kalenderzitaten.

Seit 15 Jahren bin ich Unternehmer und Coach, seit 39 Jahren Bruder und seit über 41 Jahren mache ich Erfahrungen, und die möchte ich mit dir teilen, damit du bessere Entscheidungen triffst, Fehler vermeidest und dem näherkommst, was du dir vom Leben versprichst. Genau das macht einen Mentor aus, und ich freue mich, wenn ich deiner sein darf. Es spielt keine Rolle, ob du überhaupt weißt, was ein Mentor ist: Sieh mich einfach als großer Bruder. Lass dich darauf ein und lass uns gemeinsam auf die Reise gehen – voller Kraft, voller Motivation und voller Entscheidungen.

Noch dazu habe ich **etwas ganz Besonderes** für dich konzipiert, das es so in Büchern noch nicht gibt: Damit du nicht nur lesen kannst, sondern ich wirklich bei dir bin und dich beim Lesen begleiten kann, habe ich dir einen digitalen Mentor gebaut. Den kannst du einfach hier starten und schon bekommst du persönliche Nachrichten auf dein Handy. Und nein – das kostet nichts extra:

Hier geht's lang: *felixthoennessen.de/mentor*

Oder das hier abscannen:

Apropos Reise: Es gibt einen imaginären Weg in unserem Buch, der dich begleitet. Wir beginnen bei dem, was dich ausmacht, schauen uns dein Leben an und feiern am Ende gemeinsam deine Erfolge und das Erreichen deiner Ziele. Darum gibt es drei große Teile – den Start, den eigentlichen Weg und zum Abschluss deine erreichten Ziele.

Ach ja, noch eine kleine, persönliche Anmerkung: Wie gendert man richtig? Die einen schreien auf, wenn man alles geschlechtsneutral schreibt, die anderen, wenn man weibliche und männliche Formen verwendet, und wiederum andere, wenn man nur im generischen Maskulin schreibt. Deswegen habe ich da mein eigenes System entwickelt: Ich spreche manchmal von Frauen, manchmal von Männern und manchmal neutral. Ich glaube, jeder von uns hat genug Vorstellungskraft, das auf sich zu übertragen.

Und nun – gute Reise!
Dein Felix
und natürlich <u>dein großartiger Onkel Schmunzel</u>

ONKEL SCHMUNZEL: Anmerkung an den Verlag. Meinen Namen größer schreiben – viel größer!

PS: Kleine Ergänzung von deinem neuen Lieblingsonkel: Ich habe dir einen Bleistift ins Buch gepackt, damit du etwas kommentieren kannst oder Behauptungen von Felix einfach durchstreichst, wenn sie falsch sind.

PPS: Ich schreibe immer mit Musik auf den Ohren und habe dir aufgeschrieben, welche Songs ich beim Schreiben gehört habe. Du kannst sie dir auch in meiner Spotify-Playlist anhören: *felixthoennessen.de/musik*.

DER START
BIST DU

1. WAS IST DEINE SUPERKRAFT?

Fähigkeiten, Talente, Superkräfte

Superman, Batman und Spiderman haben etwas gemeinsam: Sie haben eine Superkraft. Etwas, was sonst niemand hat. Aber schau dir diese Kräfte genauer an. Nicht um dir ihre Stärken vor Augen zu führen, sondern um zu hinterfragen, woher diese Kräfte stammen.

Superman stammt ursprünglich von dem Planeten Krypton. Sein Vater steckte ihn in eine Raumrakete, bevor der Planet explodierte. Diese Rakete landete dann auf der Erde, wo der kleine Superman bei einer Erdenfamilie aufwächst und seine übermenschlichen Fähigkeiten kennenlernt. Er ist unverwundbar, kann fliegen und schafft Dinge, die sonst niemand kann – so weit die Kurzfassung der Geschichte.

Das Interessante an Superman ist nicht seine übermenschliche Kraft, sondern seine Herkunft. Superman stammt nicht von der Erde. Der Planet Krypton liegt weit entfernt in einer anderen Galaxie. Zumindest gehört er nicht zur Milchstraße, das weiß ich noch aus dem Physikunterricht. Ich habe bei seiner Beschreibung das Wort »übermenschlich« verwendet, was eigentlich nicht richtig ist, denn Superman ist überhaupt kein Mensch. Besser wäre, ihn als »andersmenschlich« zu bezeichnen, weil übermenschlich eine Bewertung menschlicher Fähigkeiten beinhaltet. Superman kann Dinge, die Menschen nicht können, aber nicht weil er ein Übermensch ist, sondern weil er gar kein Mensch ist. Dabei ist es nicht meine Absicht,

FELIX:
Wenn du das Vorwort nicht gelesen hast, dann blättere zurück, denn dort steht etwas Wichtiges für dich – Stichwort digitaler Begleiter.

Superman zu dissen. Ich will dir nur eins damit zeigen: Er stammt nicht von dieser Welt – und das im übertragenen als auch wörtlichen Sinn. Und weil er nicht von dieser Welt stammt, sind seine Fähigkeiten anders und besonders. Auf Krypton würde niemand zu ihm sagen: »Eh Superman, wie, du kannst fliegen?« Dort würde es niemandem auffallen. Auf der Erde aber sehr wohl, weil wir Menschen nicht fliegen können – zumindest nicht von selbst.

Was will ich dir damit sagen: Viele von uns würden gerne mit Superman tauschen und wünschen sich seine Fähigkeiten. So wie andere Menschen oder auch Tiere sich deine Eigenschaften wünschen würden. Würdest du statt mit Superman vielleicht mit einer Ameise tauschen? Wahrscheinlich nicht. Wir bewerten unsere Eigenschaften immer im Verhältnis zu anderen. Und genau daraus entsteht der Begriff »übermenschlich«. Es gibt keine Übermenschen, sondern nur Menschen mit unterschiedlichen Fähigkeiten, die sich in manchen Situationen wünschen, etwas zu können, was sie nicht können. Nicht nur du wünscht dir so etwas manchmal sehr, sondern auch alle anderen. Aber verglichen mit einer Ameise ist der Mensch ein unglaublich starkes, unendlich weises und nahezu unsterbliches Wesen.

Batman ist ein anderer Typ als Superman. Er ist verwegen, stark, selbstbewusst und lernt die tollsten Frauen kennen. Dabei stammt er nicht von einem fernen Planeten, sondern von der Erde und hat eine Menge Kohle. Genau diese Kohle spielt eine große Rolle. Er fährt ein cooles Auto – das Batmobil – und wohnt in einem Schloss mit Butler und allem, was dazu gehört. Klingt bisher noch nicht nach einem klassischen Superhelden, oder? Es sei denn, wir definieren Geld als eine Superkraft. Was macht Mister Bruce Wayne – Batmans

ONKEL SCHMUNZEL: Woher weißt du, dass Tiere Wünsche haben? Biologie studiert, oder was?

FELIX: Ich mag diese Vorstellung. Stell dir gerne vor, was du für ein Meisterwerk bist und mit wie vielen Kräften du gesegnet bist.

echter Name – denn nun? Der Milliardär unterstützt die Armen, bekämpft die Bösen und ist ein wirklich guter Nachbar. Er nutzt sein Geld und setzt es ein. Natürlich hat er ein paar Euro mehr als die meisten von uns. Er baut sich einen kugelsicheren Anzug, ein Panzerfahrzeug und entwickelt ein Gerät, mit dem er dunkler – gefährlicher – sprechen kann.

So zieht er los und tut gute Dinge. Seine Hilfsmittel hat er immer an seiner Seite. Niemand stellt sich ihm freiwillig in den Weg. Eins bleibt er dennoch: ein Mensch. Aber was macht ihn dann zum Superheld? Zu einem Menschen, dessen Figur viele Kinder in ihrem Kinderzimmer haben?

Zum einen nutzt er sein Kapital. Er investiert in sich selbst und tut, was er tut, so wie es eigentlich jeder tun sollte. Er hat ein Ziel vor Augen, er verfolgt eine Mission. Egal, was sich ihm in den Weg stellt. Zum anderen hat er einen nahezu unbeirrten Glauben an sich selbst, der ihn übermenschlich wirken lässt. Er motiviert sich selbst, egal wie allein er ist.

Spiderman ist wiederum ein anderer Typ. Er kann mithilfe seiner Spinnenfähigkeiten von Haus zu Haus schwingen oder Bösewichte mit seinem Netz einfangen. Auch nicht schlecht, oder? Er stammt wie Kollege Batman von der Erde, aber wieso ist er dann ein Superheld, der mehr kann als du und ich? Peter Parker ist zu Besuch in einem Forschungslabor und wird dort von einer Spinne gebissen, an der gerade geforscht und experimentiert wird. Dadurch entwickelt er Kräfte, die denen der Spinne ähneln. Fortan kann er unzerstörbare Spinnenfäden aus seinen Handgelenken schießen. Auch er kämpft gegen das Böse und kommt wie die anderen beiden Jungs aus den USA. In Deutschland hieße er wahrscheinlich Daniel Schmitz.

Das Interessante an Spiderman ist abermals, wie er zu seinen Kräften gekommen ist. In seinem Fall

FELIX:
Übrigens sind die meisten Superhelden Männer. Warum? Weil meist Männer diese Geschichten lesen. Das ist nicht frauenfeindlich, sondern in diesem Fall nur Marketing. Wer die wahren Superheldinnen sind, erfahren wir später – seien Sie gespannt liebes Publikum. (Achte mal auf eine ältere Dame im Buch.)

ONKEL SCHMUNZEL: fancy Typ.

war es mehr Zufall als Planung, was die Sache aber nicht minder interessant macht. Nachdem er seine Fähigkeiten erlangt und gelernt hat, damit umzugehen, setzt er sie zum Guten ein und wird ein wahrhafter Superheld. Und genau das ist der springende Punkt. Talent, besondere Fähigkeiten oder gute Gene machen niemanden zum Superhelden. Erst der Wille, sie gezielt für etwas einzusetzen, und der Glaube daran machen jemanden wie Spiderman zu einem wahren Helden. Er ist der jüngste unserer drei Helden, hat aber genauso viele Fähigkeiten wie die anderen. Das Alter ist keine Ausrede dafür, etwas nicht zu versuchen.

Coldplay – Every Teardrop is a waterfall

Verschiedener können drei Helden kaum sein. Der eine stammt von einem weit entfernten Planeten, der andere ist ein reicher Unternehmer und noch ein anderer ein Student, der von einer Spinne gebissen wurde. Alle drei haben in ihrer Welt zunächst keine besonderen Fähigkeiten. Und doch sind es Helden. Helden, die wir auf T-Shirts tragen, deren Filme wir schauen oder mit deren Figuren wir spielen.

> Nicht das, was uns gegeben wurde, macht uns zum Superhelden, sondern das, was wir daraus machen, und der unbeirrte Glaube, mit dem wir unsere Mission verfolgen.

Ich schlage jetzt eine verwegene Brücke von den drei Jungs zu mir und dann weiter zu dir – eine Doppelbrücke quasi. Als Kind wollte ich auch Superheld werden – Batman mit Supermans Kraft und Spidermans Netzen – ziemlich gierig, oder? Am besten direkt mehrere Superhelden in einer Person. Da ich nicht weiß, wie alt du bist, kennst du vielleicht einige meiner damaligen Superhelden nicht. Da gab es zum Beispiel He-Man, der mit einer kleinen Badehose bekleidet, seinen massiven Körper bedeckte. Muskeln, wohin man schaut. Er hat gegen die Allerbösesten gekämpft, die wirklich fürchterlich aussahen. Aber für ihn war das babyleicht. Klar wollte ich so sein wie He-Man. Jahre später – so mit 35 – habe ich mich im Karneval als He-Man verkleidet. Natürlich hatte ich mehr an als diese kleine Badehose. Solche Kindheitserinnerungen wird man nicht mehr los. He-Man erlebt übrigens gerade ein grandioses Revival.

Irgendwann ist He-Man dann in einer staubigen Playmobil-Kiste verschwunden. Leb wohl mein Held aus Plastik. Doch aus der Zeit mit ihm sind mir Erinnerungen geblieben. Erinnerungen daran, dass ich als Kind fliegen, zaubern oder hellsehen konnte. Ich war der Allerstärkste in meinem Kinderzimmer, hatte die gefährlichsten Namen und besiegte jeden Schurken, sei er noch so gruselig. Hast du als Kind darüber nachgedacht, das etwas nicht möglich wäre? Deine Vorstellungen und Möglichkeiten waren unendlich. Egal, ob du eine berühmte Ballerina, eine Superheldin, eine Sängerin oder ein Fußballstar werden wolltest – all das war möglich. Aber was ist nur mit uns passiert? Wo sind diese Träume hin? Wann träumst du heute noch davon, dass alles möglich ist?

Als Kind habe ich in meinen Träumen die verrücktesten Dinge erlebt, mich in ferne Länder begeben und die unglaublichsten Abenteuer erlebt. Fantasie ist ein Instrument mit großer Macht. Sie erschafft dir eine eigene Realität und zeigt dir, was möglich ist, wenn du nur fest daran glaubst. Warum sollte es sie sonst geben, wenn nicht darum, uns genau das zu zeigen? Mit dem Betttuch als Umhang

ONKEL SCHMUNZEL:
Allein der Name ist spitze. He-Man – also Er-Mann. Mehr Männlichkeit geht nicht. Jungs sind so einfach zu überzeugen manchmal.

FELIX:
Genau dieser Glaube entscheidet alles. Der unbeirrte Glaube an sich selbst und das eigene Werk. Stell dir das gerne als dein eigenes Meisterwerk vor. Eine Leinwand und du hältst die Farben in der Hand.

FELIX:
Wenn du noch nicht den digitalen Begleiter aktiviert hast, solltest du das jetzt tun, es lohnt sich: felixthoennessen.de/mentor

vom Hochbett zu springen oder sich mit Mamas Schminke und Pappkrone als Prinzessin zu verkleiden – nichts und niemand konnte uns aufhalten. Und was haben wir gelacht! Aus tiefstem Herzen haben wir uns über die neue Carrera-Bahn oder das Puppenhaus gefreut. Keine Sekunde haben wir daran gezweifelt, dass das Leben wunderschön ist und uns die tollsten Dinge schenkt.

Verweile jetzt gerne ein wenig in diesen Momenten. Schließ die Augen und träum dich in genau diese Momente hinein. Es erfüllt mich jedes Mal mit Kraft und einem Lächeln, wenn ich mich mit Umhang vom Bett springen sehe. Dazu würde jetzt eine Aufnahme in Zeitlupe passen. Ein Sprung voller Mut, ohne sich Sorgen zu machen, auf was man am Boden trifft.

Was wolltest du werden? Was war dein Traum als Kind? Wie alt warst du da? Fünf, sieben oder dreizehn? Erinnere dich an diesen Moment und versuche, deine Gedanken auf dich wirken zu lassen. Was hast du als Kind gemacht? Wie sah dein Leben aus? Was wolltest du sein? Was ich dabei sehr hilfreich finde, ist die Frage, warum du genau das sein wolltest. Oft tun wir all das als Kinderquatsch ab. Und dennoch steckt so viel von uns in unseren ersten Träumen.

Neben einem zweiten He-Man wollte ich Archäologe werden und die Welt erkunden. Mein Held war Indiana Jones. Mein Gott, wie ich diese Filme geliebt habe. Ich war ständig auf der Suche nach Abenteuern und habe mit meinen Kumpanen die wildesten Dinge erlebt. Wie oft sind wir auf Dächer geklettert oder haben verletzte Kaninchen im Wald gerettet. Das Leben war großzügig und ein Geschenk. Ich hatte eine kleine Peitsche aus einer Kordel, die zwar nicht gefährlich war, aber sehr cool aussah. Als mein Vater mir irgendwann mein erstes Schweizer Messer geschenkt hat, hatte ich das Gefühl, jetzt geht mein Traum in Erfüllung. Das Messer hatte eine Zange und ich konnte fortan alles, was ich kaputt gemacht habe, wieder reparieren. Wie war das bei dir? Hattest du solche besonderen Momente? Momente, an die du dich heute mit einem Lächeln erinnerst? Bestimmt. Teile sie gerne in Gedanken mit mir oder schreib sie mit dem Bleistift auf. Ich bin gespannt, davon zu erfahren.

> Three doors down – Be like that

Die Superhelden unserer Kindheit waren sehr verschieden und nicht immer aus Plastik. Einer meiner größten Helden war mein Großvater. Er war Unternehmer und verkörperte alles, was ich als Mann gerne sein möchte. Er war erfolgreich im Job, ein toller Ehemann und der großartigste Großvater, den man sich vorstellen kann. Er hat hart geschuftet, meine Oma auf Händen getragen und für seine Familie alles getan, was ein Mann tun kann. Wenn ich an einen wahren Helden denke, denke ich an meinen Großvater.

Wie du merkst, schreibe ich in der Vergangenheit. Mein Großvater ist vor gut zehn Jahren gestorben, für mich aber dennoch sehr präsent. Sicher hast du auch geliebte Menschen oder persönliche Helden in deinem Leben verloren – so wie wir es alle irgendwann erleben. Ich möchte eine Geschichte mit dir teilen, die für mich die Definition des Begriffs »Superheld« massiv geändert hat.

Als mein Opa bereits im Sterben lag, habe ich ihn im Krankenhaus besucht. Damals wusste ich schon, dass er nur noch ein paar Tage leben würde und ihn höllische Schmerzen quälten. Da lag er nun, mein Vorbild, wog nur noch 55 Kilo und hatte glasige Augen. Auch er wusste, dass er nicht mehr lange zu leben hatte. Er bat mich, an sein Bett zu kommen, und nahm meine Hand in seine – mit einer Kraft, die ich nicht mehr für möglich gehalten hätte. Noch heute weiß ich, wie sich seine Hand angefühlt hat – stark und kraftvoll. Sein Blick war stark und fixierte mich, sodass ich das Gefühl hatte, er würde gleich aufstehen und nach Hause gehen. In dem Moment sagte er etwas, das mein Leben für immer verändern sollte, während er weiter meine Hand hielt. Im Moment unendlicher Schmerzen sagte mein Großvater: »Bitte versprich mir, dass du dich um Oma kümmerst.« Während ich das schreibe, kommen mir die Tränen und ich spüre den Moment, als wäre es gestern passiert.

Ein Mensch, der in einem solchen Moment an andere denkt, ist mehr als ein Superheld jemals sein könnte. Für mich hat dieser Moment sehr viel verändert. Er hat mich gelehrt, was wirkliche Stärke im Leben bedeutet. Nämlich nicht, etwas besonders gut zu können, sondern den Blick auf andere Menschen zu richten und sich in vielen Situationen hinten anzustellen. Das bringt dir Dankbarkeit bei, zeigt Größe und verkörpert für mich als Mann eine Stärke, die ich mir in keinem Fitnessstudio antrainieren kann. Wenn ich nur ein halb so guter Mensch wie mein Großvater werde, bin ich stolz auf mich.

Wir suchen nach Kräften – nach Superkräften, als könne man diese erwerben. Dabei liegen genau diese Kräfte seit unserer Geburt tief in uns. Es ist unsere Aufgabe, sie zu finden und zu fördern. Jeder von uns, gleich welchen Alters, welcher Herkunft und welchen Geschlechts, hat diese Kräfte. Wir wissen nur oft nicht, wie wir sie finden sollen. Kennst du das von dir? Wir suchen nach dem, was uns von anderen unterscheidet oder besonders macht, aber um es mit ein bisschen Erfahrung zu sagen: Das ist Quatsch. Einige haben den Mut, sich auf den Weg zu machen und diese Talente zu suchen, andere haben diesen Mut nicht. Deswegen werden wir uns auf unserer Reise mit dem Thema Mut noch intensiver auseinandersetzen.

FELIX:
Du bist gesegnet mit Kräften, die dir gar nicht bewusst sind. Und eine davon ist, anderen in Momenten eigener Schwäche Halt zu geben.

> Nicht unsere Talente unterscheiden
> uns, sondern der Mut, sich auf die
> Suche nach ihnen zu machen.

Talent ist etwas, das dir in die Wiege gelegt wird, wie es so schön heißt. Aber kein Talent kann dir helfen, wenn du es nicht hervorholst. Stell dir das gerne bildlich vor. Talente liegen tief vergraben unter all den Erfahrungen, die wir im Leben machen. Sie sind vergessen und verschüttet. Lass uns einen Spaten suchen und auch deine Superkräfte finden, solche, die dich erfolgreich oder einfach nur glücklich machen. Glücklich durch das Gefühl, dein eigenes Ich, das, was dich ausmacht, gefunden zu haben. Glaub mir bitte: Wenn du diesen Kern findest, findest du eine Basis in dir, die dir die Sicherheit gibt, alles zu erreichen. Sie nimmt dir auch Selbstzweifel und Rastlosigkeit, die uns leider so oft heimsuchen. Talente sind nichts anderes als Eigenarten und Besonderheiten, die dich auszeichnen.

2. WIE EINZIGARTIG BIST DU?

Einzigartigkeit, persönliche Merkmale, Charakterzüge

Ich habe vergangene Woche mit einem ehemaligen Polizisten gesprochen, der bei mir im Mentoring ist und sich ein eigenes Business aufbaut. Wir haben über unsere Hände geredet und dabei hat er mir einen interessanten Gedanken mitgegeben. Die Polizei identifiziert Einbrecher, böse Halunken und andere fiese Rabauken mit ihrem Fingerabdruck. Wenn du dir überlegst, dass acht Milliarden Menschen auf der Welt leben, ist es doch verrückt, dass jeder einen anderen Fingerabdruck hat, oder? Also dass ein Mensch durch seinen Fingerabdruck identifiziert werden kann.

Jeder von uns ist rein biologisch einzigartig. Das betrifft nicht nur den Fingerabdruck, sondern alle anderen Merkmale. Jeder Mensch ist anders und als biologisches Wesen einzigartig – das ist simple Biologie.

Irgendwann bist du auf die Welt gekommen. Wie das genau funktioniert – also der Herstellungsprozess – ist dir sicher bekannt. Bei der Erektion des Mannes, deines Papas, werden Millionen Spermien freigesetzt, die sich auf den Weg zur Eizelle machen. Da sind lauter flinke Mädels und Jungs dabei, die das Rennen ihres Lebens absolvieren, bei dem es nur einen Gewinner oder eben eine Gewinnerin geben kann. Links neben deinem eigenen kleinen Spermienflitzer ist der gemeine Carlos, der sauschnell ist. Rechts neben dir die superflinke Tina, die einen richtigen

ONKEL SCHMUNZEL: Klingt romantisch. Seid ihr euch nähergekommen?

ONKEL SCHMUNZEL: Ansonsten Biologie II – Sexualkunde für Anfänger.

Turbo-Boost besitzt. Und du bist genau dazwischen. Daneben gibt es noch Millionen anderer Spermien, die im wahrsten Sinne um ihr Leben rennen. Die Frage ist: Wer gewinnt dieses einzigartige Rennen und hat die Kraft, die Eizelle zu befruchten?

Am Ende, kurz vor der Ziellinie, liegst du in Führung und kommst mit aufgerissenen Armen ins Ziel. Ok, Arme hast du keine. Aber du bist das Spermium, das die Eizelle befruchtet. Du hast dich gegen Millionen andere durchgesetzt. Ich finde, es ist ein smarter Gedanke, sich klarzumachen, dass man bereits vor der eigenen Geburt das Rennen des Lebens gewonnen hat.

So sind wir also nicht nur biologisch einzigartig, sondern haben das härteste Rennen gewonnen, an dem wir jemals teilnehmen werden. Ich finde das nicht nur amüsant, sondern motivierend. Wie oft halten wir zu wenig von uns oder reduzieren unser eigenes Selbstwertgefühl. Dabei sind wir – jeder für sich – ein Gewinner oder eine Gewinnerin. Eine schöne Vorstellung!

Aber natürlich ist es berechtigt, wenn du darüber nachdenkst, was dich als Mensch auszeichnet. Das mache ich auch. Glaub mir, dass ist mir am Anfang ziemlich schwergefallen. Kennst du Menschen, die supergut singen können oder schön zeichnen oder die ein Instrument hervorragend spielen? Vielleicht kennst du aber auch super Sportler oder großartige Tänzerinnen oder Leute, die Koryphäen in ihrem Gebiet sind? Klar, oder? Ich habe mir dann immer gedacht: Ja, die kenne ich auch, aber was die können, kann ich nicht. Ich bin weder ein super Sportler noch ein Musiker noch künstlerisch begabt. Aber, und das ist mir wichtig, das sind die meisten anderen auch nicht. Ich weiß ja nicht, was du auf dem Kasten hast.

FELIX:
Ist nicht das ganze Leben irgendwie ein Rennen? Da ist die Vorstellung als aktueller Champion ins Rennen zu gehen doch ganz gut, oder?

Rita Ora – Only want you

Dennoch habe ich mich oft gefragt, was mich auszeichnet. Was ist besonders an dem Felix, der manchmal Hosenträger trägt? Klar, ich habe das Lebensrennen gewonnen, aber mir hat diese Vorstellung noch nicht gereicht. So habe ich mir ein Blatt genommen und überlegt, was ich gut kann und was mich einzigartig macht. Im Marketing nennt man das: sein Alleinstellungsmerkmal finden. Und auch im Marketing fällt es den meisten Menschen sehr schwer, dieses Merkmal zu finden. In *Herr der Ringe* würde man es wohl den Arkenstein nennen, das schönste Juwel aus den Tiefen der Berge.

FELIX:
Wenn du das nicht kennst, stell dir einfach vor, ich spreche von einem Goldstück, das du beim Buddeln im Sandkasten findest. Dafür braucht man Zeit und auch das ist Arbeit.

Es erfordert Überwindung, aber eine eigene Talentliste zu schreiben, ist super hilfreich. Natürlich wissen viele nicht sofort, was sie besonders macht? Kleine Hilfestellung: Es muss nicht gleich DIE Eigenschaft sein, etwas das niemand anderes hat. Es kann zunächst einmal etwas sein, das du an dir selbst schätzt.

Im Marketing gibt es ein tolles Tool, das dir dabei helfen kann – das Kano-Modell. Ein schlauer Japaner, nämlich Herr Kano hat sich das ausgedacht. Ich erkläre es dir und warum es dir hilft.

Bei Produkten gibt es sogenannte Basismerkmale, Leistungsmerkmale, Begeisterungsmerkmale, Rückweisungsmerkmale und Unerheblichkeitsmerkmale. Interessanterweise lässt sich das gut auf dich und deine Eigenschaften anwenden.

Basismerkmale sind Eigenschaften, die jeder Mensch haben sollte. Dazu gehören solche Dinge, wie Danke zu sagen oder in lustigen Situationen zu lachen. Das unterscheidet einen Menschen nicht von anderen, es ist einfach menschlich. Natürlich gibt es Menschen, die es trotzdem nicht tun, aber ein paar Ansprüche dürfen wir an uns schon stellen.

Leistungsmerkmale sind Eigenschaften, die für Leistung stehen. Die nicht jeder andere hat, aber die sich auch niemand auf dem Schulhof über dich erzählen würde. Dazu gehören etwa Hilfsbereitschaft, Empathie oder Zielstrebigkeit. Vieles davon wirst du in dir tragen – nicht alles, aber sicher eine Menge. Du bist also per Definition des Modells schon ein Leistungsprodukt, wenn ich von dir im Sinne eines Produkts sprechen darf.

Begeisterungsmerkmale sind Merkmale, die andere sofort mit dir verbinden. In dieser Kategorie suchen wir nach außergewöhnlichen Talenten und besonderen Eigenschaften. Dazu gehören besondere sportliche Begabungen, aber auch Charakterzüge oder Ähnliches.

Rückweisungsmerkmale sind Eigenschaften, die dazu führen, dass dich andere Menschen zurückweisen. Wenn du zum Beispiel aggressiv oder extrem unordentlich bist, kann es sein, dass sich andere Menschen von dir abwenden. Als Produkt bringst du ihnen keinen Gewinn.

Unerheblichkeitsmerkmale sind Merkmale, die eigentliche keine Rolle spielen. Du kannst 30-mal hintereinander gähnen oder 20 Stunden am Tag schlafen. Das wäre wahrscheinlich unerheblich.

Geh die Talentliste einmal für dich durch, aber fang bei den Basismerkmalen an. Welche Basismerkmale und Eigenarten hast du, welche Leistungsmerkmale kannst du für dich aufschreiben? Arbeite dich so bis zu den Begeisterungsmerkmalen vor. Die anderen beiden kannst du bei unserer Betrachtungsweise vergessen. Wenn du mitmachst, stehen anschließend eine Menge deiner Eigenschaften auf deiner Liste, was ich sehr hilfreich finde. Es sind alles Dinge, auf die du zu Recht stolz sein darfst. Selbst wenn du noch keine Begeisterungsmerkmale findest, hast du eine Menge Basis- und Leistungsmerkmale.

Denke an die Dinge, auf die du stolz bist. Dazu gehören bei mir ehrenamtliche Hilfe, unentgeltliche Beratung für Teenager und viele gute Taten. Darauf bin ich stolz und Stolz ist an dieser Stelle wichtig.

FELIX:
Okay, es gibt immer verrückte Situationen in denen das nützlich sein kann.

FELIX:
Verstehst du, warum der neunte Buchstabe ein t statt ein d ist? Das Wort kommt doch von Geld und Geld wird mit d geschrieben.

Stolz wird viel zu sehr unterschätzt und missachtet, weil wir Stolz falsch interpretieren. Wir denken bei dieser Eigenschaft an Sturheit oder Bockigkeit. Daran, dass jemand mit verschränkten Armen und dem Gesicht zur Wand in der Ecke steht. Dabei ist Stolz etwas komplett anderes. Stolz auf sich zu sein, bedeutet, sich seiner eigenen Stärke bewusst zu werden. Mit einem Lächeln daran zu denken, wer man ist und was man bereits vollbracht hat. <u>Dabei darfst du aber nicht nur stolz auf deine Taten sein</u>, sondern auch darauf, der Gewinner deines eigenen Lebens zu sein, mit all deinen tollen Eigenschaften, die dich als Menschen einzigartig machen. Das schafft die Basis für jede Mission, für jedes Ziel und gibt dir eine immense innere Kraft. Bitte sei stolz darauf. Diesen Stolz brauchen wir auf unserer gemeinsamen Reise.

Es gibt so viele Eigenschaften, auf die du stolz sein darfst. Dazu gehören auch einfach klingende Dinge wie Ehrlichkeit. Wenn du ehrlich und aufrichtig bist, hast du eine Eigenschaft, um die andere dich beneiden. Vielleicht klingt Ehrlichkeit für dich banal, aber vielen Menschen fällt sie sehr schwer. Es gibt unterschiedliche Statistiken, aber den meisten zufolge lügen wir 25 bis 200 Mal am Tag und sind nicht ehrlich. Dabei gibt es keine Grauzone zwischen Ehrlichkeit und Unehrlichkeit. Wenn du also ehrlich bist, kannst du diese Eigenschaft auf deine Liste schreiben.

Eine weitere Eigenschaft, die ich sehr schätze, ist Zuverlässigkeit. Sowohl im Business als auch im Privatleben halte ich sie für sehr wertvoll. Halte deine Versprechen. Lass es zu, dass andere sich auf dich verlassen können. Denn dann tun sie es auch, und das ist etwas Großartiges. Ich meine aber nicht nur deine Zuverlässigkeit anderen gegenüber, sondern auch deine Zuverlässigkeit dir selbst gegenüber.

FELIX:
Wichtiger Punkt:
Stolz darfst du
auf alles sein
und nicht nur
auf das, was
du geschafft
hast.

> Sorge dafür, dass andere sich
> auf dich verlassen können, und
> erfülle auch deine Versprechen
> an dich selbst zuverlässig.

Was hast du dir zuletzt selber versprochen? Wie sehr hast du dich dabei auf dich selbst verlassen können? Seit ich verstanden habe, dass meine Eigenschaften nicht nur anderen gegenüber, sondern vor allem auch mir selbst gegenüber zählen, hat sich in meinem Leben vieles verändert. Für mich war dieser Betrachtungswechsel ein Gamechanger. Sei nett und freundlich zu dir selbst, sei ehrlich zu dir selbst, erfülle deine Versprechen zuverlässig, dann kannst du dich auf dich selbst verlassen.

Eine dritte Eigenschaft, die für mich etwas Besonderes ist und an der ich mich selbst messe, ist, Kante zu zeigen. Du kannst es auch »für etwas einstehen« nennen. Diesen Anspruch stelle ich an viele Menschen, aber nicht alle erfüllen ihn. Es geht darum, eine Meinung zu einem Thema zu haben und sie auch dann zu verteidigen, wenn alle anderen anderer Meinung sind. Sich zu schwierigen Themen zu äußern, Gegenwehr zu bilden, erfordert vor allem eins: Mut. Diesen Mut brauchst du, um Kante zu zeigen und dich unbeirrt auch für andere einzusetzen. Wie du mutiger werden kannst, besprechen wir später noch.

ONKEL SCHMUNZEL: Ich koch schon mal einen Tee.

Ich halte mich selbst für empathisch, motiviert, ein wenig humorvoll und smart. Damit habe ich auf meiner Liste ein paar Dinge stehen. Im Marketing würde man wohl von den eigenen Markenwerten sprechen. Dann habe ich überlegt, was andere an mir schätzen, was ich häufig als Feedback bekomme und konnte so authentisch und hilfsbereit mit auf meine Liste schreiben. Ich meine – mal ehrlich – ein Typ, der empathisch, motiviert, humorvoll, smart, authentisch und hilfsbereit ist, ist doch schon eine ziemliche Rakete, oder? Die Kombination dieser Eigenschaften macht mich einzigartig. Halt, Stopp! Wie einzigartig? Ich kann doch immer noch kein Klavier spielen. Nein, kannst du nicht, Felix. Aber die Kombination deiner Eigenschaften und Talente ist genauso einzigartig wie dein Fingerabdruck.

Band of Horses – The Funeral

Du bist eine einzigartige Kombination deiner Eigenschaften, der Gewinner des Rennens deines Lebens und hast auch sonst eine Menge Merkmale, die dich auszeichnen.

> Die Eigenschaften, die dich
> als Mensch ausmachen,
> sind einzigartig, weil es die
> Kombination deiner Eigenschaften
> nicht noch einmal gibt.

Ich mache mit meinen Studenten in der Vorlesung immer eine Übung, bei der ich sie frage, was sie können, das niemand sonst im Raum kann. Meist sind da schon ein paar Studenten ratlos. Und doch findet dann jeder irgendetwas. Manche Antworten klingen zunächst etwas seltsam. »Ich kann am besten fangen.« »Ich kann super gut Elefanten zeichnen.« »Ich kann am längsten auf einem Bein stehen.« »Ich habe den grünsten Daumen.« Niemand gibt vor, welche Eigenschaften man wählen darf, und die Auswahl ist riesengroß. Niemand gibt vor, welche Eigenschaften begeisterungsfähig sind, denn am Ende definierst du selbst, was dich begeistert.

Entwickle Charakterzüge, die du an anderen und damit auch an dir selbst schätzt. Natürlich passiert das nicht von einem auf den anderen Tag. Lass dir

ONKEL
SCHMUNZEL:
Zumindest am
Anfang des
Semesters.

Zeit. Es spielt keine Rolle, wie alt du bist. Ich hatte einige der genannten Fähigkeiten auch noch nicht mit 20.

> Fokussiere dich lieber auf
> deine guten Eigenschaften,
> als stundenlang über die
> schlechten nachzudenken.

Werde zu deinem besten Freund, zu einem verlässlichen Partner für dich selbst, der sich immer weiterentwickelt und bereit ist, an sich zu arbeiten. Persönlichkeitsentwicklung ist nie abgeschlossen, wie es auch in Unternehmen nie ein Ende der Veränderung gibt. Sei aufgeschlossen für neue Dinge und unbekannte Erfahrungen.

In diesem Kontext passt das Wort Potenzialentfaltung sehr gut. Dabei spielt gerade deine Einzigartigkeit eine immense Rolle. Wenn du dir und deiner Einzigartigkeit genügend Raum gibst, dann kannst du dein Potenzial wirklich entfalten. Ansonsten bist du wie in einen kleinen Karton gesperrt. Wie viele Menschen entfalten ihr Potenzial nie. Sie machen ein Leben lang Dinge, die mit ihren Talenten und ihrer Einzigartigkeit nichts tun haben. Ebenso musst du damit klarkommen, dass andere Menschen andere Einzigartigkeiten haben. Ich frage mich immer, wer einen FischMac (Jetzt heißt er übrigens Filet-o-Fish – sehr edel.) bei McDonalds bestellt. Aber nur weil ich den nicht mag, bedeutet das nicht, dass ihn niemand essen darf, oder? Okay, ich könnte meine Freunde danach auswählen, was sie essen. Bestimmt gibt es Menschen, die das in einer gewissen Form tun. Aber bei uns im Rheinland sagt man so schön:

ONKEL SCHMUNZEL: Oder diesen ekligen McRibb.

> Jeder Jeck ist anders.

Was bedeutet, dass wir Menschen nicht gleich sind und jeder von uns andere Eigenschaften, Werte und Charakterzüge hat. Und solange dies unsere Gesellschaft nicht in negativer Form ins Wanken bringt oder andere Menschen mutwillig verletzt, ist das auch okay. Nimm deine Einzigartigkeiten an, so wie andere dich akzeptieren und du sie akzeptierst. Diese Einzigartigkeit wird dich dein ganzes Leben begleiten und macht dich eben genau das – einzigartig.

3. MEIN UNGLAUBLICHES LIEBLINGSTOOL

Momentum, Genuss, Selbstliebe

Einzigartig zu sein ist grandios, aber das bedeutet nicht, dass man allein ist und erst recht nicht mit sich selbst. Ich liebe es, mich selbst und was mich ausmacht, besser kennenzulernen oder – noch besser – zu entdecken. Wir sind wie eine große Karte, die wir selbst erkunden. Wir machen eine Erkundungstour zu uns selbst. Sich selbst nicht zu kennen, klingt ein wenig verloren, aber ist es nicht ein wahnsinniges Abenteuer – dieses Leben und genau diese Abenteuerreise? Gut, ich bin mit meinem Archäologentraum ein wenig vorbelastet.

Es passieren so viele Dinge, die du nie für möglich gehalten hättest und die dich zu einem immer erfahreneren Abenteurer werden lassen. Ja, das Unerwartete und Ungewisse verunsichert dich und bringt dich ins Taumeln, weil du nicht weißt, was kommt. Aber macht nicht genau das den Reiz aus? Den Reiz des Ungewissen, die unbekannte Erfahrung und den Moment, in dem du nicht weißt, was du tun sollst?

Mit Fünfzehn hatte ich eine ziemlich genaue Vorstellung davon, wie mein weiteres´Leben aussehen sollte. Ich kann dir versichern, es ist komplett anders verlaufen, und zwar nicht, weil ich meinen Plan verloren habe. Mein Plan hat sich geändert und er ändert sich immer noch. Ob ich dadurch ohne Fokus bin? Nein, so ist das nicht. Der Weg ändert sich und es erscheinen bisher unbekannte Orte. Der Felix und das, was ihn ausmacht, bleiben gleich. Ich würde dir gerne so viel mit auf dem Weg geben

ONKEL SCHMUNZEL: Mit Buschmesser und dickem Bizeps, wie The Rock.

und habe Angst, dass dieses Buch dazu nicht reicht und ich am Ende enttäuscht auf meine Zeilen blicke, weil etwas Wichtiges fehlt. Deswegen ist dieses Kapitel eine Art persönlicher Einschub, der gerade ganz wunderbar passt.

Während du das hier liest, sitze ich in Dresden im Café und genieße die Sonne. Ich blicke auf die Frauenkirche und genieße nach den ganzen Pandemiebeschränkungen die ersten Momente draußen. Hier zu sitzen und einen Cappuccino zu trinken, macht mich glücklich. Menschen neben mir, Bauarbeiten auf der anderen Straßenseite. Ich genieße einfach einen Kaffee im Café – mein Gott, wie habe ich das vermisst!

> Coldplay – Yellow

Ich fühle mich glücklich und bin in diesem Moment am richtigen Ort. Alle Sorgen sind vergessen und ich denke weder an morgen noch an heute Abend. Ich blicke auf meinen Bildschirm und stelle mir vor, wie du mein Buch liest. Das klingt vielleicht romantisch, aber gerade wird mir eine Sache noch klarer als sonst.

Der gegenwärtige Moment ist entscheidend.

Wie oft vergessen wir diesen kleinen Satz und sind mit anderen Dingen beschäftigt, die hinter oder vor uns liegen. Dabei vergessen wir den gegenwärtigen Moment, der an uns vorbeirauscht und uns wehmütig nachschaut. Es sind diese kleinen Dinge, die in der Summe das Leben ausmachen. Grüble nicht, verlier dich nicht in Gedanken, sondern lebe, verdammt.

Ich habe gerade ein Bild auf Instagram veröffentlicht. Dazu habe ich geschrieben, dass ich Gänsehaut bekomme, wenn ich darüber nachdenke, was mir dieses wundervolle Leben schon geschenkt hat und was es mir noch schenken wird. Parallel höre ich Coldplay auf maximaler Lautstärke und drücke auf Löschen. Ich lösche jeden Gedanken, der mich in diesem Moment stört. Ich bewege meine Lippen zur Musik. Mehr als ein Besucher hier im Café wundert sich, was mit diesem Typen los ist. Wenn jemand kommt und fragt, was ich gerade mache, dann antworte ich: leben.

Und selbst wenn der Moment gleich weiterzieht, halte ich ihn in Gedanken fest und präge ihn mir gut ein – dabei manifestiere ich ihn in meinem Kopf. Was dabei elementar wichtig ist: die Liebe zu sich selbst oder zunächst auch nur die Bereitschaft, mit sich selbst Momente zu teilen.

FELIX:
Du solltest
positive Momente
genießen und
richtig auskosten.
Der Nachbrenn-
effekt ist dann
noch größer.

Wir werden überrollt von Eindrücken und von Gedanken, lernen in unserem Leben Tausende Menschen kennen. Doch eine Person bleibt immer bei dir und das bist du selbst. Mit mir selbst Zeit zu verbringen, fiel mir früher schwer, weil ich sofort anfing, mich zu langweilen. Heute ist es die wertvollste Zeit und das größte Geschenk an mich selbst. Einen Moment allein zu genießen und sich dabei seiner selbst bewusst zu sein, ist ein unglaubliches Gefühl, das mich nicht mehr loslässt.

Als ich noch in Düsseldorf gewohnt habe, bin ich oft montagabends nach einem harten Arbeitstag zehn Minuten zu einem Döner-Laden gelaufen, um mir einen Döner zu kaufen. Zu Hause auf der Couch habe ich mir dann einen Actionfilm angeschaut und den Döner gegessen. Jedes Mal wenn die Soße auf mein Hemd oder meine Hose gelaufen ist, musste ich lachen. Es fühlte sich an, als würde ich einfach tun, wozu ich Lust habe. Diese Abende habe ich genossen.

Irgendwann habe ich mich dann gefragt, warum ich das nur montags mache, wenn es sich so gut anfühlt. Sollten solche Momente nicht das Abenteuer Leben überfluten oder noch besser: Sollte das Leben nicht nur aus Momenten bestehen, in denen wir uns selbst nah sind? Bleib mal eben hier und lies nicht weiter. Gib dir mal ein wenig Musik auf die Ohren und lies dir diese Frage noch mehrmals durch. Die Momente mit dir selbst sind entscheidend. Wenn du dich selbst umarmst und die Zeit mit dir selbst genießt, hast du eine deiner Superkräfte gefunden.

Fortan versuche ich, den Anteil solcher Momente in meinem Leben zu erhöhen und ihnen mehr Platz einzuräumen. Zu vieles fühlt sich doch wie ein Müssen an, aber du musst doch eigentlich gar nichts, oder? Ich muss gerade schmunzeln, weil mich meine Müll-App just in diesem Moment daran erinnert, die Restmülltonne nach draußen zu stellen. Da ich nicht zu Hause bin, muss der Müll eben noch eine Woche warten. Mögen die Maden und Würmer eine wundervolle Woche haben.

Wie oft nimmst du dir bewusst Zeit für dich, um ohne Ablenkung das zu tun, was dir wichtig ist. Ich denke, die meisten von uns schaffen sich sehr wenige solcher Zeitfenster. Wir tun, was von uns erwartet wird, was wir müssen, was alle tun und damit immer weniger das, was uns erfüllt oder was wir im tiefsten Inneren wirklich wollen.

Ich möchte dich ermutigen, mehr das zu tun, wozu du wirklich Lust hast. Das klingt bestimmt nach dem allwissenden Autor, der mit sich im Reinen ist und ein völlig selbstbestimmtes Leben führt, aber das ist definitiv nicht der Fall. Auch ich bin bestimmt durch andere oder dadurch, etwas tun zu müssen. Ich würde heute gerne den ganzen Tag mit dir hier in Dresden im Café verbringen, aber andere Menschen erwarten Dinge von mir, verlassen sich auf mich. So muss ich irgendwann aufstehen und gehen. Das tue ich dann aber nicht wehmütig, sondern mit zwei positiven Gefühlen, die ich gerne mit dir teilen will.

Zum einen mit dem Gefühl der Dankbarkeit. Ich bin dankbar dafür, dass ich diesen Moment erleben durfte. Zum anderen mit der Gewissheit, dass ich künftig noch viele solcher Momente erleben darf. Genau das solltest du auch empfinden. Verzage nicht, sondern genieß deine Vorfreude auf deinen nächsten Moment. Der Urlaub ist nicht vorbei, sondern du freust dich schon auf den nächsten.

FELIX:
Wenn du weißt,
was dich be-
rauscht, kannst
du diese Mo-
mente noch ein-
facher erzeugen.

> Der Moment des Abschieds ist
> ein Moment des Neubeginns.

Alida – In your Eyes

Vielen Menschen geht es so wie mir früher: Es fällt ihnen schwer, mit sich selbst alleine zu sein. Hierzu habe ich einen Gedanken für dich:

> Allein bist du mit dir selbst nie.

Du fragst dich vielleicht, wie das gehen soll. Aber auch das ist sehr simpel. Allein zu sein, ist keine Beschreibung für das Fehlen der physischen Anwesenheit anderer Menschen. Wenn du mit dir selbst zusammen bist, bist du nie allein. All deine Erfahrungen, alle deine Momente sind bei dir. Ich gehe sogar noch einen Schritt weiter und vertiefe diesen Gedanken. Ich erinnere mich an den kleinen, dreijährigen Felix, mit Schielpflaster. Ich denke an den 15-jährigen Felix mit Zopf und an den sonnenbankgebräunten Felix mit 25. Sie sind alle bei mir, in jedem einzelnen Moment. Ich bin im Leben niemals allein. Ich habe jederzeit meine eigene Gang dabei. Und jeder Felix bringt etwas zu unserem Treffen mit. Der kleine Felix teilt seine Leichtigkeit mit uns anderen. Er genießt das Leben, für ihn ist alles ein Spiel. Spaß ist für ihn das Wichtigste. <u>Der Teenager teilt seine Begeisterung für neue Dinge mit uns.</u> Und der 25-jährige Felix motiviert uns, weil er voller Energie steckt und ein unerschöpfliches Maß an Kraft mitbringt.

Du bist noch mehr als nur diese drei Personen, wahrscheinlich trägst du Hunderte, wenn nicht Tausende Persönlichkeiten in dir. Ihre Eigenarten und Stärken kannst du dir zunutze machen. Die Männer unter den Lesern können sich das gerne wie einen eigenen Kriegerclan vorstellen, in dem jeder mit besonderen Fähigkeiten bewaffnet das eigene Dorf bewacht und die Gemeinschaft beschützt. Schick mir doch mal eine großartige weibliche Variante an: *hallo@felixthoennessen.de*.

Diese Vorstellung ist meine persönliche Wunderwaffe. Wenn ich mich einsam und angegriffen fühle oder nicht mehr weiterweiß, dann rufe ich alle zum Meeting oder Stammesabend zusammen. Wir beraten uns, wie wir mit einer Situation umgehen, wir stärken uns den Rücken und profitieren so von unseren verschiedenen Eigenarten. Das hat nichts mit einer multiplen Persönlichkeitsstörung zu tun, denn eines ist sicher: All diese Personen bist du und all diese Personen sind Teil von dir.

> ## Dein heutiges Ich beinhaltet
> ## all deine vergangenen Ichs.

Diese Vorstellung hat für mich noch eine zweite, wertvolle Eigenschaft. Jede einzelne Person in mir hat zu ihrer Zeit besondere Erfahrungen gemacht, darunter auch traurige oder verletzende. Wenn ich an meinen <u>kleinen Clanbruder mit drei Jahren</u> und sein Schielpflaster denke, nehme ich ihn in den Arm und sage ihm, wie stolz ich auf ihn bin, dass er viele Sprüche und Beleidigungen weggesteckt hat

ONKEL SCHMUNZEL: Und wir teilen ihm mit, dass er zum Frisör sollte.

FELIX: Das ist übrigens in der Psychologie dein inneres Kind.

und dass er trotzdem so viel Lebensfreude hatte und viel gelacht hat. Ich hebe ihn hoch, beschütze ihn und schlage jeden Angreifer in die Flucht. Ich schenke ihm meine Erfahrung, meine Stärke und einen Teil meines Selbstbewusstseins. Und genau das führt zur zweiten wertvollen Eigenschaft dieses Tools. Ich heile ihn. Ich heile mich selbst, egal welche Erfahrung ich gemacht habe.

> Durch deine Reise zu deinem
> Selbst heilst du dich selbst.

Ich suche nach Momenten, die mich verletzt haben. Dann versammle ich meinen ganzen Clan und stelle mich hinter den Felix, der diesen Moment ertragen musste. Nun steht er dort nicht mehr allein, sondern weiß sein eigenes Wolfsrudel hinter sich. Er kann sich der Situation nochmal ganz neu stellen. Diese Vorstellung ist für mich berauschend. Schick deine Leute, all deine Erfahrungen und all deine Clanmitglieder zu deinen Momenten und du wirst dich heilen, indem du dich deinen Erfahrungen und Erlebnissen stellst.

Stell dir also vor: Du kannst nicht nur in die Vergangenheit blicken, sondern du kannst die Jungs oder Mädels aus der Gegenwart in der Vergangenheit für dich einsetzen. Ein Beispiel: Oft gelingt es mir nicht so gut, im Hier und Jetzt zu leben (so wie gerade). Wenn ich den Spaß an einer Sache verliere, dann hilft mir mein dreijähriges Ich, genau diesen Spaß wiederzufinden. Der kleine Mann neben mir lächelt mich an und flüstert mir zu: »Das Leben ist ein Spielplatz, Felix. Komm wir gehen rutschen oder auf die Schaukel.« Ich lächle dann zurück und es wird mir bewusst, wie alles angefangen hat. Ich blicke glücklich auf und bin froh für diesen Ratschlag. Denk nochmal an den Anfang unseres Kapitels zurück und an das Abenteuer deines Lebens. Alle

FELIX:
Du kannst diese Vorstellung auch als Vorbereitung für die Zukunft betrachten. Für zukünftige Situationen bist du noch besser gerüstet, weil du selber Dinge differenziert betrachten und abwägen kannst, durch die unterschiedlichen Erfahrungen in dir selbst.

Personen deines Selbst stellen einen Punkt auf deiner Landkarte dar. Wenn du dich an alles erinnerst, dann füllt sich die Karte deiner Reise ganz von allein. Wie bei den Etappen der Tour de France füllst du deine Karte mit Stationen, an denen jeweils ein Teil von dir verbleibt.

Eines meiner Lieblingsgedichte ist von Hermann Hesse und heißt »Stufen«:

> »Wie jede Blüte welkt und jede Jugend
> Dem Alter weicht, blüht jede Lebensstufe,
> Blüht jede Weisheit auch und jede Tugend
> Zu ihrer Zeit und darf nicht ewig dauern.
> Es muß das Herz bei jedem Lebensrufe
> Bereit zum Abschied sein und Neubeginne,
> Um sich in Tapferkeit und ohne Trauern
> In andre, neue Bindungen zu geben.
> Und jedem Anfang wohnt ein Zauber inne,
> Der uns beschützt und der uns hilft, zu leben.«[1]

Jede Lebensstufe, jede Etappe bringt uns am Ende dorthin, wo wir hinwollen. Wenn du aber dorthin willst, musst du auch bereit sein, weiterzugehen und die nächste Stufe zu erklimmen. Du musst bereit sein, Abschied zu nehmen und einen Teil von dir zurückzulassen. Aber all deine Erfahrungen bleiben bestehen.

Dieses Lieblingstool nutze ich in anderer Form auch beruflich: Wenn ich einen Vortrag halte, schwirren eine ganze Menge Ichs in meinem Kopf herum. Ich stelle sie dir vor:

---

1 »Stufen«, aus: Hermann Hesse, Sämtliche Werke in 20 Bänden. Herausgegeben von Volker Michels. Band 10: Die Gedichte. © Suhrkamp Verlag Frankfurt am Main 2002. Alle Rechte bei und vorbehalten durch Suhrkamp Verlag Berlin.

Der Aufgeregte

Ich bin nervös. Ich weiß, wie wichtig der Vortrag ist und habe einen Puls von 200. Schaffe ich es oder schaffe ich es nicht?

Der Coole

Ich habe schon so viele Vorträge gehalten, also wird es auch jetzt gut funktionieren. Ich brauche mich gar nicht vorzubereiten, das wird schon. Nachher noch ein bisschen Small Talk und dann ab nach Hause.

Der Ängstliche

Werden mich alle auslachen? Oder werden während des Vortrags alle nach Hause gehen? Oh je, das kann ganz schlimm werden. Am besten einfach nach Hause rennen.

Der Übermütige

Ich bin der geborene Gewinner. Keiner hält Vorträge so wie ich. Die Leute werden jubeln und um Autogramme bitten. Ich bin ein Star.

Der Strebsame

Dieser Vortrag ist für mich wichtig. Egal was passiert, da muss ich durch. Ich will ein paar Kunden gewinnen, also Zähne zusammenbeißen und durchhalten.

Das sind jetzt nur fünf, aber ich glaube, wenn ich noch länger suche, finde ich noch mehr. Ob du mich jetzt für verrückt hältst? <u>Das glaube ich nicht.</u> Wie soll ich also einen Vortrag halten, wenn ich gleichzeitig fünf Männer in meinem Kopf habe, die alle etwas anderes erzählen. Dazu würde jetzt eine verrückte Musik passen oder ein belebter Jahrmarkt im Kopf. Es gibt nicht nur Engelchen und Teufelchen, sondern gleich eine ganze Handvoll

FELIX:
Allein schon deswegen, weil ich quasi immer mit mir selbst rede in diesem Buch.

ONKEL SCHMUNZEL:
Eh, ich bin auch noch da.

verrückter Typen. Ich weiß nicht, ob meine Vorträge gut sind, aber ich weiß, dass sie immer besser werden. Und nicht deshalb, weil ich mehr Erfahrung gesammelt habe, sondern weil diese fünf Typen dafür sorgen, dass ich nicht zu sehr der eine oder der andere bin. Ich erkläre es dir:

Wenn ich nur der Übermütige wäre, würde ich sicher Arroganz ausstrahlen. Ich würde allen zeigen, dass ich das Licht und sie der Schatten sind. Der Übermütige braucht den Ängstlichen. Beide zusammen ergeben eine Mitte, die positiv, aber nicht überheblich wirkt. Genauso braucht der Coole den Strebsamen oder den Nervösen, damit er genug Energie in den Vortrag steckt.

Wir sollten also akzeptieren, dass mehrere Gedanken in unserem Kopf herumschwirren, denn das ist gut. Und nur das macht uns erfolgreich. Ob das dann mehrere Persönlichkeiten, Typen oder einfach nur Gedanken sind, spielt keine Rolle, denn es geht dabei nur um das Ergebnis. Letztendlich sollten alle diese Gedanken uns stärken und uns als eine Person formen. Menschen, die krankhaft unter multiplen Persönlichkeiten leiden, klammert mein Gedankenspiel aus.

Das Gefühl auf einer Bühne zu stehen, macht mich wahnsinnig glücklich. Ich bin meinen Jungs dankbar dafür, dass sie mich dort Felix mit all seinen Fassetten sein lassen.

4. DIE ACHT SÄULEN DES GLÜCKLICHSEINS

Glück, Antrieb, Wille

Wenn du ein wenig weißt, was dich auszeichnet und was dein eigenes, kleines Wolfsrudel ist, solltest du für dich definieren, was dein ganz persönliches Glück ausmacht, denn das wird auf unserer Reise eine der Grundlagen, um deinen späteren Weg zu definieren und erfolgreich zu beschreiten.

Bist du jetzt im Moment glücklich? Genau jetzt? Ich finde, diese Frage ist oft schwer zu beantworten, oder? Vor allem, wie soll ich das rational und objektiv bewerten? Vielleicht sollte ich es auch gar nicht objektiv bewerten, weil ich für mich und nicht für andere glücklich sein sollte. Aber ich Nervensäge muss alles greifen können.

ONKEL SCHMUNZEL: Ich finde es schön, wenn Menschen so einsichtig sind.

Was kann einen Menschen glücklich machen? Dazu sammeln wir mal Punkte:

Also, da wären auf jeden Fall Beruf und Karriere. Der Beruf sollte eine Berufung sein, heißt es doch so schön. Liebe und Beziehung sind auch wichtig; der Einfachheit halber setzen wir mal voraus, dass beides zusammenfällt. Und Familie und Freunde sind ebenfalls entscheidend. Oh ja, auch Gesundheit fördert unser Glück, denn wenn du ernsthaft krank bist, bringt dir alles andere nicht viel. Bestimmt spielt auch Geld eine Rolle, denn ein schöner Job heißt nicht zwangsläufig, dass wir gut verdienen.

Damit hätten wir in unserer modernen, europäischen Welt wahrscheinlich die meisten Bereiche abgedeckt. Freiheit und Frieden sollten wir allerdings keinesfalls vergessen. Du darfst auch Punkte ergänzen. Machen wir eine schöne Liste daraus:

ONKEL SCHMUNZEL: Warum müssen Berater immer Listen erstellen?

- Beruf & Karriere
- Liebe & Beziehung
- Familie
- Freunde
- Gesundheit
- Geld
- Freiheit
- Frieden

Wenn du all das in deinem Leben hast, müsstest du doch glücklich sein? Aber möglicherweise macht dich einer dieser Bereiche glücklicher als ein anderer? Also muss jeder dieser Punkte differenzierbar sein. Bevor es zu kompliziert wird, stellen wir uns die acht Punkte von oben als Säulen vor. Jede Säule kann bis zur Markierung »zehn Punkte« gefüllt werden. Insgesamt gibt es also im *Spiel des Glücklichseins* 80 Punkte zu holen.

ONKEL SCHMUNZEL: Ich wusste, dass du es wieder mit Komplexität übertreiben musst.

Und jetzt bewerte deinen aktuellen Zustand mal. Wenn du 64 Punkte erreichst, müsstest du doch eigentlich glücklich sein, oder? Das sind immerhin Dreiviertel und klingt echt gut. Aber vielleicht fühlt es sich trotzdem nicht gut an? Vielleicht sind für dich einzelne Bereiche wichtiger als andere. Wenn ich sterbenskrank bin, freue ich mich zwar über Menschen, die für mich da sind, aber ich opfere sicher Geld und Karriere dafür, dass ich wieder gesund werde. Jeder von uns muss entscheiden, welche Säulen für ihn am wichtigsten sind. Schau dir mithilfe dieser acht Säulen dein eigenes Leben an und überleg dir, welche Reihenfolge du persönlich wählen würdest.

ONKEL SCHMUNZEL: Woher weiß ich jetzt schon, wofür du dich entscheidest?

Ich weiß nicht, ob ich meine auch reinschreiben darf oder ob ich objektiv sein sollte. Kennst du das Gefühl, wenn es in den Fingern kribbelt und du gegen jede Regel bist? Meine sieht so aus:

ONKEL SCHMUNZEL: Ich wusste es.

1. Freiheit
2. Frieden
3. Gesundheit
4. Liebe/Beziehung
5. Familie
6. Freunde
7. Beruf/Karriere
8. Geld

Ich habe nicht lange überlegt, sondern nur zehn Sekunden gebraucht, um die Reihenfolge festzulegen. Freiheit und Frieden sind dabei für mich austauschbar, aber sie sind die Grundlage dafür, dass Gesundheit mir überhaupt etwas bringt. Gut, gesund im Gefängnis kann auch besser sein als sterbenskrank im Bett, aber wir können nicht jede Eventualität abdecken. Liebe und den richtigen Partner zu finden, kommt als Nächstes. Warst du schon einmal so richtig glücklich in einer Partnerschaft? Wenn man das Gefühl hat, seinen Gegenpart gefunden zu haben und nichts anderes auf der Welt mehr wichtiger erscheint, ergibt das definitiv ein paar Punkte. Familie und Freunde sind ebenfalls wichtig. Aber woher kommt es, dass man Menschen, die einem wichtig sind, vernachlässigt, weil man viel Zeit mit seinem Liebsten verbringt? Eben weil diese eine Person in dem Moment vielleicht doch wichtiger ist, oder? Ein erfüllender Beruf ist mir wichtiger als Geld. Das soll nicht heißen, dass mir Geld nicht wichtig ist, aber in unserer Liste steht es für mich an letzter Stelle.

Jetzt vergeben wir zusammen ein paar Punkte – jeder für sich. Wenn du wie ich in einem Land lebst, in dem kein Krieg oder Ähnliches herrscht, und du deine Zeit nicht in einer Drei-mal-Drei-Meter-Stahlzelle verbringst, können wir uns bei den ersten beiden Säulen 20 Punkte geben. Das ist ein sehr

ONKEL SCHMUNZEL: Meistens ist das Gott sei Dank nur am Anfang einer Beziehung so.

positiver Anfang. Klar gibt es auch bei uns Einschränkungen, denken wir nur an dieses fiese Virus, das alles kaputt macht.

Für die anderen Säulen gehst du das Ganze selber durch. Sei aber ehrlich zu dir und bewerte wirklich die Momentaufnahme. Nicht wie es gestern war oder vielleicht morgen sein wird – es zählt das Hier und Jetzt.

Fertig? Auf wie viele Punkte kommst du? Und, was ist jetzt gut und was schlecht? Erstellen wir uns doch, wie in den Treuetests der Zeitschriften, eine Bewertungsliste:

ONKEL
SCHMUNZEL:
Klar, erst Liste
erstellen, dann
differenzieren
und jetzt be-
werten. Felix du
hättest Berater
bleiben sollen.

80–70 Punkte	sehr glücklich
69–60 Punkte	glücklich
59–50 Punkte	mehr oder weniger glücklich
49–40 Punkte	eher unglücklich
39–30 Punkte	unglücklich
29–0 Punkte	sehr unglücklich

Kommt das ungefähr hin? Du kannst auch deine eigene Auswertung aufstellen. Meine ist doch recht anspruchslos. Wenn du also jetzt im Bereich von 50 Punkten aufwärts liegst, solltest du an sich zufrieden sein, oder? Bei über 60 Punkten solltest du immer mit einem Lächeln durch die Welt laufen und bei über 70 Punkten eigentlich jeden umarmen, der dir entgegenkommt. Machst du das? Irgendwie nicht, oder?

So schön unser Test auch war, aber so recht funktioniert er nicht. Glück lässt sich oft nicht greifen und manch kleiner Splitter sorgt für Schmerzen am ganzen, gesunden Körper. Dennoch finde ich es wichtig, sich vorzustellen, welche Säulen dein Glücklichsein ausmachen und durch diese differenzierte Betrachtung an einzelnen Punkten zu arbeiten, bevor du das obligatorische Unglücklichsein für dich beanspruchst.

Ich erzähle dir eine kleine Geschichte von einem guten Bekannten:

Lutz ist ein smarter, verheirateter Mann, der jeden Morgen glücklich zur Arbeit fährt. Auf dem Nachhauseweg macht er Besorgungen. So begab es sich, dass Lutz einen Stopp im Supermarkt einlegte, um ein bisschen, sagen wir mal, Wurst und Käse für das Abendbrot zu kaufen. Wenn du lieber Tiefkühlpizza oder Ravioli zum Abendbrot isst, ändere das bitte entsprechend mit einem Stift direkt hier. Lutz ist also im Supermarkt und hat alles eingekauft. Auf dem Weg zum Auto geht er an einem Zeitschriftenladen vorbei, einem dieser typischen Zeitschriften-, Zigaretten-, Kiosk-, Lotto-, Gemischtwarengeschäfte. Und Lutz überlegt sich ganz spontan, Lotto zu spielen. Nachdem er den Lottoschein ausgefüllt hat, fährt er nach Hause und genießt mit seiner Liebsten das Abendbrot. Pünktlich zu später Stunde, eigentlich liegen beide sonst schon im Bett, werden die Lottozahlen gezogen. Und, wie könnte es anders sein, Lutz und seine Liebste, nennen wir sie Lisa, haben sechs Richtige plus Zusatzzahl. Also, die beiden sind nicht nur glücklich verheiratet, sondern jetzt auch noch reich.

Hast du dir schon einmal die Frage gestellt, was dann passiert? Muss Lutz das Geld mit Lisa teilen? Wie viel haben die beiden gewonnen? Ich würde verrückt werden. Der Gewinn hängt – glaube ich – davon ab, wie viele Leute dieselben Zahlen haben. Es können also 100 000 Euro oder bei einem vollen Jackpot 10 Millionen sein. Das weiß man abends noch nicht. Sitzen die beiden dann die ganze Nacht vor dem Lottoschein?

FELIX:
Das klingt als würde ich in Wahrheit von mir selbst sprechen.

ONKEL SCHMUNZEL:
Machst du natürlich nicht.

FELIX:
Die Geschichte endet definitiv nicht so, wie du es dir vorstellst.

ONKEL SCHMUNZEL:
Lutz und Lisa, ich finde man merkt deine kreative Ader.

ONKEL SCHMUNZEL:
Ich hol schon mal das Rattengift.

FELIX:
Wahrscheinlich
würde ich eine
Liste erstellen,
was ich kaufen
will.

ONKEL
SCHMUNZEL:
Mit Betonung
auf Liste.
⟶

Morgens gehen sie ins Lottogeschäft und geben dem mehr als vertrauenerweckenden Mitarbeiter einen Schein, der vielleicht mehrere Millionen wert ist und den er dann nachmittags bearbeiten will? Oder vielleicht rufen sie doch lieber direkt bei der Lottogesellschaft an, organisieren zwei Bodyguards und kopieren den Lottoschein? Fragen über Fragen. <u>Im ersten Moment wäre ich zu sehr gestresst, um mich zu freuen.</u>

Lutz und Lisa rufen morgens bei der Lottogesellschaft an und erfahren, dass Sie 10 Millionen Euro gewonnen haben. Mein Großvater hätte gesagt: »Etwa 5 Millionen <u>Deutsche Mark</u>«. Die Lottogesellschaft leitet alles in die Wege und gratuliert dem Gewinnerpaar persönlich.

⟶
FELIX:
Deutsche Mark
war eine Wäh-
rung vor langer
Zeit.

Jetzt kommen wir zu einer interessanten Frage: Was machen Lutz und Lisa mit 10 Millionen Euro? Hast du dir diese Frage mal gestellt? Ich würde sagen, dass wir das alle schon mal gemacht haben. Spielen wir das also einmal durch. Lutz und Lisa sind kurz aus dem Buch verschwunden und du und ich haben 10 Millionen Euro gewonnen. Also nicht halbe-halbe, sondern jeder 10 Millionen. Ich will nicht direkt teilen. Was würdest du mit dem Geld machen? Schließ doch mal die Augen und überleg, wo du dann wärst und was du dir alles kaufen würdest. Ich mache übrigens das Gleiche – los geht's.

Ich liege auf einer Liege im Garten meiner 5000-Quadratmeter-Finca an der Costa del Sol und genieße angenehme 32 Grad in der Sonne. Meine braungebrannte Freundin bringt mir im Bikini einen eiskalten Caipirinha und streicht mir dabei sanft durch die Haare, während ich auf meinem Laptop sehe, dass mein Aktiendepot gerade um 5 Prozent gestiegen ist.

Alternative: Ich trage einen Rucksack auf dem Rücken und blicke zum Gipfel. Mein engagiertes Team trägt Verpflegung, Zelte et cetera. In der

rechten Hand halte ich eine Fahne meines eigenen
kleinen Inselstaats. Oben auf dem Mount Everest
angekommen, fühle ich mich wie der König der
Welt. Ich glaube, ich könnte mir Hunderte solcher
Situationen vorstellen.

Was hast du dir vorgestellt? Würdest du etwas von
deinem Reichtum abgeben, etwa an deine Familie
oder deine Freunde? Würdest du etwas für einen
guten Zweck spenden oder würdest du am Anfang
eine riesige Party feiern? Aber jetzt zurück zu Lutz
und Lisa.

10 Millionen Euro, die beiden können es nicht fassen. Auch so war ihr Leben schon toll, aber mit
10 Millionen Euro ist es noch toller. Endlich können
sie ihre Träume verwirklichen. Lisa kann den Neben-
job als Putzfrau aufgeben, mit dem sie Geld für ihr
erstes Kind sparen wollte. Lutz kann sich endlich
den schicken Sportwagen kaufen, von dem er seit
dem zehnten Lebensjahr ein Foto neben dem Bett
stehen hat. Die kleine 70-Quadratmeter-Wohnung
soll einem eigenen Haus weichen, vielleicht sogar
mit Pool. Und statt Urlaub auf Kreta machen sie
eine Weltreise.

Eigentlich könnten wir an dieser Stelle aufhören
und uns an dem Glück der beiden erfreuen. Aber
ohne eine schicksalhafte Wendung wäre das Ganze
doch langweilig.

Und so begab es sich, dass Lutz im gemeinsamen
Urlaub auf Sardinien bei einer Quad-Tour mit einem
dieser kleinen, vierrädrigen Fortbewegungsmittel
vom Weg abkam. Er stürzte mit seinem Quad in
eine 30 Meter tiefe Schlucht. Ich weiß, das klingt
ein wenig makaber, aber noch makabrer ist die Tatsache, dass Lisa direkt hinter ihm auf dem nächsten
Quad saß und den Unfall mitansehen musste.

Lutz hat leider nicht überlebt. Der Protagonist
unserer kleinen Geschichte ist tot. Aber: Wir haben
noch Lisa und immer noch mehr als 8 Millionen

FELIX:
Gibt es das
Wort?

ONKEL
SCHMUNZEL:
Jetzt steht
dort selbstver-
ständlich ein
Foto von Lisa.

FELIX:
Spannungsbogen.

Euro, trotz Haus, Weltreise, Sportwagen und diversen anderen Spielereien. <u>Nach etwa dreieinhalb Wochen hat Lisa die Trauer über den Tod ihres Ex-Mannes überwunden.</u> Jetzt ist sie frohen Mutes auf dem Weg in die Stadt, um sich von dem ganzen Stress mit der Beerdigung beim Shoppen ein wenig abzulenken.

Nein, Lisa ist nicht herzlos und undankbar. Lutz ist tot und damit ist ein großer Teil ihres Glücks verschwunden. Natürlich ist sie traurig und zutiefst betrübt, aber irgendwann, wenn auch sicher noch nicht nach dreieinhalb Wochen, muss ihr Leben weitergehen. Es ist nie mehr das Gleiche, aber wäre es nicht eine schreckliche Vorstellung, <u>dass das Leben für sie bereits mit 32 zu Ende wäre?</u> Es scheint also einen Bezug zwischen Glück und der Komponente Zeit zu geben.

> In Momenten unendlicher Traurigkeit können wir glücklich sein, wie ich zum Beispiel bei der Beerdigung meines Großvaters, wenn wir an gemeinsame Momente zurückdenken. Momente unendlichen Glücks können uns aber auch überwältigen, weil das Glück uns mit einer Macht überrollt, die wir kaum ertragen.

Kennst du solche Momente? Glück lässt sich nicht fassen und wahrscheinlich auch nicht in Säulen packen wie für unseren kleinen Test. Trotzdem kannst du versuchen herauszufinden, was Glück für dich bedeutet und dann genau diesen Dingen mehr Aufmerksamkeit schenken. Und wenn es oberflächliche Dinge sind, dann ist das eben so, schließlich ist es dein Leben. Was macht dich glücklich? In welchen Momenten lachst du und was bewegt dich?

FELIX:
Wichtig: Es kann auch Lisa sterben. Nicht dass mir jemand noch vorwirft, Lisa hätte alles von Anfang an geplant.

FELIX:
Ich klinge an dieser Stelle sicher ein wenig unemotional, aber glaub mir, dass ändert sich noch.

ONKEL SCHMUNZEL:
Ach, ich finde, du bist endlich mal normal.

Und was tust du nicht so gerne? Was würdest du lieber vermeiden oder ganz aus deinem Leben verbannen?

Three doors down – Be like that

Ich erinnere mich, was meine Oma mir geantwortet hat, als ich ihr sagte, dass ich keine Lust habe, von 8 bis 20 Uhr in einem Büro zu sitzen und zu arbeiten. Sie sagte: »So ist das eben«. So lieb ich meine Oma habe, aber sie hatte unrecht. Nichts ist so, wie es eben sein muss. Natürlich kannst du manches nicht verhindern, wie auf die Toilette zu gehen, aber vieles liegt in deiner eigenen Entscheidungsgewalt. Das scheinen wir aber zu oft zu vergessen. »So ist das eben« – wenn wir nach diesem Motto leben würden, das viele Generationen eingetrichtert bekommen haben, würden wir uns nicht nur von unseren Träumen verabschieden, sondern auch von unserem eigenen freien Willen, von unserer Entscheidungsgewalt. Dann würden wir uns anpassen und mir nichts dir nichts in vorgefertigten Bahnen leben, die so weit weg von unseren eigenen sind, dass wir längst nicht mehr wir selbst sind.

ONKEL SCHMUNZEL:
Tolles Beispiel Herr Thönnessen.

> Dein eigener Wille und die Kraft
> in dir sind der Antrieb, der dich
> deinen eigenen Weg gehen lässt.

Ich meine, seien wir doch mal ehrlich, gestern war alles grandios und heute würdest du am liebsten nur im Bett liegen. Wenn du dir die Haut am Fingernagel einreißt, kann dich das schon mal stundenlang nerven. Dabei ist es eine Stelle, die wahrscheinlich nur 0,001 Prozent deines Körpers ausmacht. 99,999 Prozent sind völlig funktionsfähig. Aber diese fiese Stelle nervt so sehr, dass alles andere gerade keine Rolle spielt. Genauso ist es mit allem im Leben. Wir richten den Blick nur noch auf einen Aspekt und manchmal reicht etwas ganz Kleines aus, dass wir schlechte Laune bekommen oder gar unglücklich sind. Und ja, manchmal kannst du das auch nicht beheben. Klar, du könntest dir den Finger abhacken, dann ist die Stelle weg, aber ich glaube, dann tut es noch mehr weh. Du kannst trotz aller Planung nicht verhindern, dass so etwas passiert. Ich würde mich selbst als einen guten Planer und vorausschauenden Menschen bezeichnen, aber du kannst vieles nicht verhindern.

ONKEL SCHMUNZEL: Gewagte These.

Ich bin zum Beispiel gerade auf Mallorca und heute morgen ist hier der Strom ausgefallen. Kein warmes Wasser, kein Laptopladen und auch kein Netflix. Mist. Was mache ich nur? Warum passiert mir das? Warum immer nur mir? Genau das ist der berühmte Riss in der Haut. Ich kann mich jetzt voll darauf konzentrieren und mein Unglück mit der Welt teilen. Oder ich warte darauf, dass es später wieder geht. Irgendwann wird es wieder Strom geben, oder? Du musst auch ein Stück weit an dein Glück glauben. Wie wir eben ja schon gemeinsam festgestellt haben, ist die Definition des Glücks und das, was glücklich macht, nicht für jeden gleich.

Du hast einen dicken Auftrag bekommen oder hattest heute Nacht den besten Sex deines Lebens. Oder du hast endlich deinem Schwarm zurückgeschrieben oder deine Mutter ist wieder gesund. Ganz häufig merkst du, Glück ist eine extreme Momentaufnahme. Es kann sein, dass du an einem Tag die ganze Welt umarmen könntest, weil alles toll ist, und am nächsten fühlst du dich wie am beschissensten Tag deines ganzen Lebens. Dir ist das sicher auch schon passiert. Aber wir wollen uns gar nicht in Lethargie begeben. Werde aktiv und schreib dir mal Situationen auf, in denen du wirklich glücklich warst. Also das heißt, nimm dir das Blatt und schreibe genau auf, was in diesen Situationen passiert ist. Was war schön? Was nimmst du mit? Wenn du darüber nachdenkst, wann du mal glücklich warst, denkst du zwangsläufig über diese Situationen nach. Dadurch färbt ein wenig von diesem Glück aus der Vergangenheit auf dein jetziges Ich ab. Im Marketing nennt man das den Assimilationseffekt. Aber natürlich bewertet jeder sein Glück anders.

Ich hatte vor zwei Jahren ein verrücktes und gleichwohl schmerzhaftes Erlebnis. Ich bin nachts wach geworden und mein Bein war krumm. Ich habe es nicht geträumt oder mir eingebildet, sondern mein Bein war krumm und ich konnte nicht mehr aufstehen. Ich habe zwei Stunden auf dem Bett gelegen und wusste nicht, was ich mit dem Bein machen sollte. Irgendwann habe ich mich dann aufgerafft und bin ins Wohnzimmer gerollt, um zu meinem Handy zu kommen und den Krankenwagen anzurufen. Ich wurde nach einigen Stunden geröntgt, aber der Arzt konnte auf den Bildern nichts feststellen. Ich bin nachts um Viertel vor vier auf Krücken vom Krankenhaus aus eine Dreiviertelstunde nach Hause gehumpelt. Nach einem weiteren Besuch in einem anderen Krankenhaus wurde festgestellt, dass ich mir den Meniskus abgerissen hatte und irgendwas auch mein Gelenk blockierte. Am nächsten Tag musste mein Bein operiert werden. Mir wurde nach der OP gesagt, dass ich mit dem Bein zehn Wochen nicht gehen darf und ich mich genau daran halten müsse, um später wieder richtig laufen zu können.

Ich saß wochenlang im Rollstuhl oder musste auf Krücken herumturnen. Glaub mir, damals ist für mich die Welt zusammengebrochen. Nicht nur wegen den Schmerzen. Als Speaker musste ich schließlich meistens stehen und an Sport war auch nicht mehr zu denken. Heute sitze ich im Fitnessstudio, mache wieder Kniebeugen oder Übungen an der Beinpresse. In solchen Situationen hilft es, den Blick in die Zukunft zu richten und darüber nachzudenken, was zukünftig sein wird.

Wenn es einem nicht gut geht, kann es helfen, etwas zu tun, das man wirklich mag. Etwas, das man liebt. Oft ist es schwierig, darauf zu kommen, was es sein könnte. Trotzdem ist der erste Mosaikstein meiner Selbsthilfe, mir zu überlegen, was mir Spaß macht – Sport, Schokolade essen, draußen sein, einkaufen, Freunde treffen. Fazit: Du musst dich selbst davor schützen, nicht in Lethargie zu verfallen.

Es gibt etwas Schönes und das heißt: Gesetz der Anziehung. Wenn du selbst nicht gut drauf bist, bist du ein Magnet für schlechte Sachen. Deswegen musst du dafür sorgen, dass positive Dinge passieren, die dich lächeln lassen oder dir Energie schenken. Das hält dich davon ab, in ein totales Loch zu fallen, in einen Sumpf, aus dem du gar nicht mehr herauskommst. Genieß die Zeit mit Menschen, die du magst. Verbring Zeit mit Leuten, von denen du weißt, dass sie einen positiven Einfluss auf dich haben. Du kannst lachen, herumblödeln, Quatsch machen, was auch immer.

Denn auch das ist so ein Punkt beim Unglücklichsein. Viele Menschen machen den Fehler, nicht mit anderen darüber zu reden, dass sie unglücklich sind. Und ich kann das aus eigener Erfahrung bestätigen. Ich war einfach nicht der Typ, der mit anderen Leuten über so etwas redet. Ich handle alle Probleme mit mir selbst aus. Ich bin ein Macher, der Chef meines eigenen Lebens. Und genau das war mein Problem: Irgendwann habe ich gemerkt, dass es schon schön wäre, jemanden zu haben, mit dem ich einfach mal sprechen kann. Jemanden, der versteht, der Gedanken teilt und der mir ein bisschen über das Köpfchen streichelt.

Eine Miniübung können wir mal zusammen machen: Lachen. Es klingt ein bisschen bekloppt, aber lächle doch mal – genau jetzt in diesem Moment.

FELIX:
Das kannst du dir auch gerne wie einen modrigen Sumpf vorstellen.

ONKEL SCHMUNZEL:
Klar, eine Metapher hat hier gerade noch gefehlt.

FELIX:
Beruhige dich mal.

ONKEL SCHMUNZEL:
Süß.

Lachen ist auch für das Business wunderbar. Vertriebsgespräche haben bei mir immer gut funktioniert, wenn ich mit einer Person auf einer Wellenlänge lag und wir zusammen gelacht haben. Allein durch die Motorik des Lachens werden in deinem Kopf Endorphine ausgeschüttet, die Glücksgefühle verursachen. Ich weiß: Viele Menschen sagen, sie hätten im Leben nichts zu lachen. Dann müssen sie es vielleicht mal ausprobieren.

Mein nächster wichtiger Rat: Lass die Vergangenheit hinter dir. Ich habe gestern ein zum Thema passendes Zitat von Shakespeare gelesen: »Die Vergangenheit ist nur der Prolog«. Absolut richtig. Wie viele von uns hängen in ihren Gedanken in der Vergangenheit fest? Wie wäre es gewesen, wenn ich mit meinem früheren Partner zusammengeblieben wäre? Was wäre passiert, wenn ich eine andere Entscheidung getroffen hätte? Ein Leben im totalen Konjunktiv. Du bist immer nur damit beschäftigt, dich damit auseinanderzusetzen, welche Entscheidung du hättest treffen können.

> Wenn du verstanden hast, dass
> das Vergangene vergangen ist und
> du keine Möglichkeit mehr hast,
> rückwirkend Dinge zu ändern,
> kannst du damit Frieden schließen.

Sehr hilfreich finde ich, sich aufzuschreiben, was Tolles passiert ist, was dich in der Vergangenheit glücklich gemacht hat. Ganz häufig vergessen wir aufgrund der Fülle von Ereignissen, was Tolles im Leben passiert. Was ist in deinem Leben Gutes passiert? Was für wahnsinnig schöne Momente hast du erlebt? Es klingt vielleicht etwas drastisch, aber manchmal stelle ich mir vor, der nächste Tag sei mein letzter. Zurückblickend hätte ich dann 500 grandiose Partys gefeiert. Ich hätte atemberaubende Geschäftsgründer und motivierte Leute kennengelernt und wahnsinnig tolle Bücher gelesen. Dieser positive Blick in die Vergangenheit hat auch positiven Einfluss darauf, wie du dein Hier und Jetzt und deine Zukunft siehst. Was dich früher glücklich gemacht hat, kannst du in deine Zukunft transportieren. Dann hast du einen Karren, der hinter dir hängt. Es ist aber kein Anhänger voller falscher Entscheidungen und negativer Momente, sondern du transportierst in diesem Karren <u>all die schönen Situationen und tollen Momente, die du früher schon erleben durftest.</u>

Vor einiger Zeit ist mir beim Bäcker etwas Wundervolles passiert. Ich habe ziemlich viel gekauft und neben mir bestellte eine Frau bei der anderen Verkäuferin ein Puddingteilchen. »1,65 Euro bitte«, sagte die Verkäuferin zu ihr und packte das Teilchen schon ein. Als die Frau das Geld auf den Tresen legte, sagte die Verkäuferin: »Das sind aber nur 1,25 Euro«. Daraufhin antwortete die Frau, wenn das Geld nicht reiche, nähme sie eine Laugenstange. Die Verkäuferin war ein wenig genervt, weil sie gerade erst dieses Puddingding eingepackt hatte. Ich habe der Frau die fehlenden 40 Cent hingelegt. Sie hat mich relativ entsetzt angeguckt, wahrscheinlich war es ihr unangenehm. Dann hat sie das Geld genommen und ging mit dem gekauften Puddingteilchen raus. Ich habe sie ein bisschen beobachtet. Sie stand draußen mit ihrem Mann. Die beiden haben sich das Puddinggebäck geteilt und sofort genussvoll aufgegessen.

Ich bin fünf Minuten später in mein 100 000 Euro teures Auto gestiegen. Mein erstes Learning daraus: »Felix, bitte halte das, was du hast, nie für selbstverständlich.« Das zweite: Man darf auch nach Hilfe fragen. Bestimmt kennst du von dir selbst auch, dass es in bestimmten Situationen unangenehm ist, <u>um Hilfe zu bitten</u>. Die Frau hat mich nicht um Geld gebeten, aber hätte ich mich herausgehalten, hätte sie sich mit der Laugenstange abfinden müssen.

Du kannst für 40 Cent jemand anderem eine Freude machen. Sei dankbar dafür, was du hast und vergiss es nicht – ob es deine Kinder sind, dein geschäftlicher Erfolg oder etwas anderes. Wir betrachten viel zu häufig die negative Seite. Wir betrachten das, was nicht geklappt hat und zu wenig das, was funktioniert hat.

Als ich frisch von meiner Freundin getrennt war und fertig im Bett lag, hatte ich keine Ahnung, was ich machen sollte. Und was habe ich gemacht? Ich habe Tierfilme und Reportagen über den Weltraum geschaut. Anfangs habe ich selbst nicht verstanden, warum. Mein Problem hat sich im Vergleich zur großen, weiten Welt oder zum All klein angefühlt. Ich habe es in Relation zu alldem gesetzt, was sonst noch in der Welt passiert. Auf einmal habe ich Reportagen von Pinguinen und Walen, dem Mars, dem Sonnensystem geguckt und dabei ist mir wieder eingefallen, dass es viel größere Dinge gibt als das, was mich gerade stört. Das bedeutet nicht, dass deine Probleme, deine Herausforderungen nichts wert sind, sondern nur, dass es sehr hilfreich sein kann, sie in Bezug zu setzen.

Vergleichen kann aber auch eine große Gefahr mit sich bringen. Achte darauf, dass du dir von anderen Menschen nicht immer nur die Highlights heraussuchst und sie dann mit deinem schnöden Alltag vergleichst. Jeder von uns ist einmal traurig, nur das bekommen wir in den sozialen Medien nicht zu Gesicht.

Wenn dich etwas unglücklich und unzufrieden macht, fällt es dir nicht immer leicht, es aus deinem Leben zu entfernen. Wenn du es identifizieren kannst, was viele Leute nicht können, bist du in der Lage zu überlegen, ob du etwas verändern kannst. Wenn du jahrelang in einer Beziehung oder in einer

FELIX:
Ein tolles psychologisches Phänomen nennt man kognitive Dissonanz. Menschen, denen ich helfe, finde ich sympathischer. Wir wollen sie mögen, denn schließlich wollen wir vor allem sympathischen Menschen helfen, oder?

ONKEL SCHMUNZEL:
Na toll, erst bietest du mir eine Lösung und jetzt verwirfst du sie wieder.

beruflichen Tätigkeit steckst, die dich unglücklich macht und dein Herz nicht erreicht, solltest du dir die Frage stellen, ob du dich besser davon verabschiedest. Danach wirst du automatisch einen höheren Anteil an Erlebnissen in deinem Leben haben, die dich glücklich machen. Stell dir vor, drei von zehn Sachen in deinem Leben machen dich unglücklich, also entfernst du sie. Du kannst von beiden Seiten arbeiten. Was ich dir damit sagen will: Du kannst sowohl den Anteil schöner Dinge erhöhen als auch den Anteil blöder Dinge reduzieren. Das sind schon zwei Lösungswege und gibt ein wenig Hoffnung.

ONKEL SCHMUNZEL: Super Begriff Felix.

Lerne aber auch, zufrieden zu sein, denn andernfalls wirst du zwangsläufig unnötig in Bewegung sein und wir wollen ja fokussiert reisen, um in dieser Metapher zu bleiben. Glück ist wahrscheinlich eines der schönsten Gefühle, die wir empfinden können. Es kann uns von innen überrollen und jeden Bereich unseres Körpers einnehmen.

Tracy Chapman – Happy

Warum empfinden wir dieses schöne Gefühl dann nicht noch viel häufiger? Eigentlich wäre es großartig, wenn wir jeden Tag mehrmals solche Momente hätten. Klingt doch gut, oder? Leider können wir Glück nur bis zu einem gewissen Punkt selbst beeinflussen, oder? Ob der Kunde sich für mich als Fotograf entscheidet, ob ich den Job bei der Firma bekomme, ob ich die Klausur bestehe? Sind das Glücksmomente? Eigentlich nicht. Weil das mit Glück gar nichts zu tun hat, sondern vielmehr mit Fleiß, Strebsamkeit und Durchsetzungskraft. Aber wenn wir erfolgreich sind, empfinden wir etwas ähnliches wie Glück, einfach ein schönes Gefühl. Aber wann spüren wir das Gefühl noch? Klar, wenn wir im Lotto gewinnen oder wenn wir mit unserer

Mannschaft ein Spiel gewinnen. Wir sind also oft glücklich, wenn wir den Bestzustand, unser Ziel, erreicht haben. Also ist Glück nicht nur Zufall, sondern sogar sehr beeinflussbar?

Also, warum haben wir nicht noch mehr davon? Vielleicht wissen wir es dann nicht mehr zu schätzen? Wenn ich jeden Tag einen großartigen Auftrag bekomme, weiß ich das am 21. Tag noch zu schätzen, obwohl eigentlich das Gleiche passiert wie schon die ganze Zeit? Interessante Frage. Irgendwann fühlt es sich nicht mehr so an wie am Anfang. Wir haben uns an das Glück, den Erfolg gewöhnt. Wir stumpfen ab und deshalb verliert das Glück an Bedeutung. Das wird uns erst bewusst, wenn wir das Glück ganz verloren haben, also auf einmal keinen Auftrag mehr bekommen oder das Spiel verlieren statt zu gewinnen.

ONKEL SCHMUNZEL: Motivierend Mister T.

Warum ist das so? Warum brauchen wir Misserfolg, Pech und Co., um zu merken, dass wir vorher Glück hatten? Eine Mannschaft, die zehnmal nacheinander gewinnt, weiß ihren Sieg immer weniger zu schätzen. Erst, wenn sie wieder verliert, wird ihr bewusst, dass zu gewinnen nicht der Norm entspricht – außer man ist bei Bayern München und gewinnt fast immer. Ich glaube, genau um diese Form von Normalität geht es.

FELIX: Das bin ich leider genauso wenig wie du. Ich umarme mein Bett auch nicht mit einem sanften Guten Morgen.

ONKEL SCHMUNZEL: Ich könnte jetzt die Wahrheit verraten.

> Wir wissen nicht, was wir für
> ein Glück haben und wie oft wir
> dankbar dafür sein sollten.

Wir wachen jeden Tag auf. Dafür sollten wir schon dankbar sein. Wir haben einen Partner, der uns liebt, den wir irgendwann als selbstverständlich ansehen. Unsere schöne Wohnung beachten wir nicht mehr, obwohl es uns vor zwei Jahren noch berauscht hat, dort einzuziehen. Aber auch einfache Dinge wie ein voller Kühlschrank, eine warme Dusche oder ein Freund, der anruft, können uns dankbar machen.

> ## Wir verlieren nicht das Glück,
> ## sondern den Blick dafür.

Das, was wichtig war und uns glücklich gemacht hat, wird selbstverständlich und wir streben nach neuen Momenten, in denen wir neues Glück empfinden. Kennst du das Gefühl, dass eigentlich alles in Ordnung ist, du aber trotzdem nicht glücklich bist? Ich meine, dass du dich so richtig schlecht fühlst, ohne dass du das eigentlich »darfst«?

Das »darf« habe ich extra in Anführungszeichen gestellt, weil ich es genauso meine. Ich habe heute so einen Tag. Eigentlich gibt es keinen Grund, unglücklich zu sein. Die Sonne scheint, ich habe frei und es ist nichts Negatives passiert, aber ich fühle mich, als würde die Welt untergehen. Das Schlimme daran ist nicht das Gefühl als solches, sondern dass ich nicht weiß, warum ich mich so fühle. Als ob du eine sechs in Mathe bekommen hättest, obwohl du gelernt hast. Keine Ahnung, was da gerade passiert.

ONKEL SCHMUNZEL: Super Begründung.

Wenn etwas nicht fassbar ist, kann ich es auch nicht beheben. Eine Problemlösung ist ohne erkennbares Problem kaum möglich, oder? Ich versuche dann immer herauszufinden, woran es liegen könnte. Dabei hilft mir das Säulenmodell, das ich dir vorgestellt habe: Gibt es Probleme im Job oder unerwiderte Liebe? Bin ich krank?

Aber heute ist so ein Tag, an dem ich den Grund nicht finde. Eigentlich ist alles in Ordnung, aber ich fühle mich trotzdem nicht wirklich gut. Ich habe keine große Lust, etwas zu unternehmen, aber ich kann auch nicht den ganzen Tag herumliegen wie eine einsame Robbe auf einer Eisscholle. Wie komme ich da jetzt runter?

FELIX: Ich kann nicht immer nur gute Laune verbreiten. Entschuldigung.

ONKEL SCHMUNZEL: Die Welt ist einfach böse.

Bleiben wir metaphorisch auf dieser Scholle. Kein Land ist in Sicht, niemand, der hilft – ziemlich ausweglos. Was also tun? Wie bin ich überhaupt auf diese doofe Eisscholle gekommen? Gestern war noch alles gut und heute ist nicht mehr alles gut. Ich habe zwei Möglichkeiten: Entweder finde ich mich damit ab oder ich versuche, etwas zu tun, das mich wieder glücklich macht oder zumindest diese Laune vertreibt. Wenigstens versuchen könnte ich es, weil ich sonst nicht nur eine schlechtgelaunte, sondern auch eine faule Robbe bin.

Überall nur Wasser um mich herum, aber ich bin eine Robbe, also rein in den Mist und dann in eine Richtung schwimmen. Mal sehen, wo ich ankomme, und vor allem mal darüber nachdenken, was mich unglücklich macht und ob das wirklich etwas Großes ist, sodass alle anderen Sachen, die mich vorher glücklich gemacht haben, auf einmal nicht mehr da sind. Frei nach dem Motto: Was kann im schlimmsten Fall passieren?

Vielleicht gibt es gar keine Erklärung für dieses Gefühl und ich denke mir das Ganze einfach nur aus. Ich meine, da ist doch etwas in meinem Kopf und was da drin ist, kann ich doch beeinflussen, oder?

Ich stelle mir manchmal vor, dass ich aus meinem Körper und aus dem, was darin ist, bestehe. Und meinem Körper geht es manchmal schlecht, wenn ich zum Beispiel eine Grippe habe. Vielleicht ist das mit dem, was darin ist, genauso. Vielleicht ist mein Inneres manchmal nicht gut drauf. Eine Grippe ist schließlich auch auf einmal da, ohne dass ich weiß, wann oder woher sie kommt. Diese Vorstellung gefällt mir irgendwie, weil ich nicht direkt an allem schuld bin, das falsch läuft. Vielleicht geht es meinem Inneren einfach nicht gut, ohne dass es eine schwerwiegende Ursache dafür gibt.

Also entweder ab ins Wasser und los, in eine Richtung schwimmen und hoffen, dass Land in Sicht

FELIX:
Geist, Seele
oder Charakter –
da verstehe ich
sowieso nicht
wirklich den
Unterschied

kommt. Oder einfach auf der Eisscholle bleiben und warten, dass es von selber besser wird. Das Zweite ist nichts, wofür ich mich verurteilen muss. Manchmal kann man ruhig eine faule Robbe sein, bis sich alles von selber löst. Das Gefühl des Unglücklichseins kann genauso schnell verschwinden, wie es gekommen ist. Gegen eine Erkältung muss ich auch nicht zwangsläufig etwas einnehmen.

Natürlich klingt das sehr einfach und ob es immer funktioniert, bezweifle ich genauso wie du. Aber es ist das Einzige, was ich tun kann. Mein Glück suchen oder warten, bis es mich wiederfindet.

> Niemand ist geboren, um dauerhaft unglücklich zu sein, und vor allem sollte niemand dauerhaft unglücklich sein.

Und wenn du das trotzdem bist, dann stehe ich jetzt gerade neben dir, haue dir auf den Hinterkopf und sage zu dir: »Pack es an, egal wie schlimm alles ist, nur du kannst es ändern. Niemand sonst. Du bist es, der stark sein muss. Also, auf geht's. Bisher läuft es doch mit uns beiden und dem Buch auch ganz gut. Also?«

Das, was in dir ist, wie du dich selbst siehst und dich fühlst, entscheidet zum großen Teil darüber, wie dein Leben aussieht. Die Vorstellung, dass du alles selbst bestimmst, macht dich zur Königin oder zum König deines eigenen Lebens. Akzeptiere, wenn es dir schlecht geht, das passiert jedem. Und entscheide selbst, ob du ins Wasser hüpfst oder auf Rettung wartest.

> Glück ist oft ein kurzer Moment. Zufriedenheit eine langfristige Entscheidung.

5. ZUFRIEDEN MIT DEN SCHÖNEN DINGEN

Zufriedenheit, Männer, Frauen

Denk mal an die schönen Momente in deinem Leben. Was fällt dir ein? Welche Momente haben dich berauscht? Was hat dich besonders glücklich und stolz gemacht? Kritzle es gerne mit dem Bleistift hier ins Buch.

Wenn ich an meine Momente denke, dann war das nicht mein Abitur, das Diplom oder der erste große Auftrag, sondern sie hatten oft mit dem anderen Geschlecht zu tun. Ja, ich weiß, man sollte sich nicht über andere Menschen definieren, aber das Gefühl die Eine gefunden zu haben und sich zu verlieben, ist einfach unbeschreiblich. Das erste Mal verliebt zu sein, war doch für jeden von uns unglaublich. Kannst du dich daran noch erinnern? Ich habe tagelang überlegt, was ich zu ihr sagen soll und in der Schule immer zu ihr rüber geguckt. Ich kriege heute noch Gänsehaut, wenn ich daran denke, und frage mich, warum ich nie etwas gesagt habe. Ich habe wochenlang herübergeschaut und sie angelächelt. Sie hat engelsgleich zurückgelächelt, aber gesagt habe ich nie etwas. Irgendwann hatte sie dann einen Freund und der Zug war ohne mich abgefahren.

»Warum bist du nicht hingegangen?«, denkst du dir vielleicht gerade. Ehrlich geantwortet: »Ich hatte Schiss inne Buchs«. Mein größtes Ziel war, sie als Freundin zu haben. Ich habe es vermasselt. Die Zeit war abgelaufen. Rückwirkend bin ich trotzdem damit zufrieden, wie das Ganze abgelaufen ist.

ONKEL SCHMUNZEL:
Ich hänge über der Toilette.

ONKEL SCHMUNZEL:
Wow, hast du richtig gerockt, mein Lieber.

Als kleiner Junge bei den Pfadfindern habe ich immer davon geträumt, irgendwann 1000 Mark zu haben. Das war so ein riesiger brauner Geldschein mit einem gruseligen Mann drauf. Der Schein war braun und ich hatte erst einen in meinem Leben gesehen, als mein Vater ein Auto bezahlt hat. Als er den Schein aus der Tasche zog, habe ich erst nicht verstanden, was das ist. Aber als ich dann das Gesicht des anderen Mannes sah, wurde mir klar, es musste etwas ganz Besonderes sein. Irgendwann, nachdem ich mein Bafög zurückgezahlt habe und das Konto wieder ausgeglichen war, hatte ich 1000 Euro gespart und bin zur Bank gegangen, um alles abzuheben. Leider gab es die Deutsche Mark nicht mehr und der Euro ging nur bis 500. Trotzdem war der Anblick der beiden 500-Euro-Scheine imposant. Kurz habe ich mich gefragt, ob ich jemals wieder arbeiten muss oder nun endlich Privatier werden kann. Beide Scheine haben auch einen richtigen Namen bekommen und ich habe sie fortan Bill und Penny genannt. Eine lustige Erinnerung an diese Zeit. Ich war zufrieden, mein Ziel erreicht zu haben, auch wenn es sehr materiell war.

Danach wollte ich höher hinaus. Höhere Geldscheine gibt es nicht, also war es mein vorrangiges nächstes Ziel, mein Geld zu vermehren. Durch Fleiß, harte Arbeit und daraus entstehendes Glück habe ich jede selbstgesetzte Zielmarke erreicht, 10 000 Euro, 100 000 Euro, bis ich meine erste Milliarde gescheffelt habe.

ONKEL
SCHMUNZEL:
Du solltest ehrlich sein Felix.

Aber manchmal kam ich mir vor wie beim Turmbau zu Babel. Je mehr Etagen ich nach oben aufstieg, desto weniger zufrieden war ich. Versteh mich bitte nicht falsch, ich glaube sehr wohl, dass Geld helfen kann, Ziele zu erreichen, aber ich glaube, dass mehr Geld nicht glücklicher macht – zumindest nicht mehr ab einem gewissen Punkt. So hat sich die Motivation für meine eigene Arbeit irgendwann vollkommen verschoben. Wo es mir zu Beginn ums Geldverdienen ging, ist mir jetzt der Spaß an dem, was ich tue, mehr denn je wichtig. Ich bin nicht mehr zufrieden, wenn ich viel verdiene, sondern wenn ich tue, was ich liebe. Meine Definition von Zufriedenheit hat sich verändert.

Wenn ich mir die Unternehmer ansehe, mit denen ich zusammengearbeitet habe, sind die am erfolgreichsten, deren Antrieb nicht Geld ist, sondern die Leidenschaft für das eigene Tun. Wenn ich dir drei Groschen vor die Füße werfe und rufe »Tanz!«, tanzt du bestimmt nicht so, wie du es für eine hübsche Frau tun würdest, der du zeigen willst, dass du ein Top-Tänzer bist, oder? Zufriedenheit kann also durch materielle Dinge wie Geld als auch durch emotionale Dinge wie Liebe et cetera entstehen und sie kann sich, wie in meinem Fall, mit der Zeit verändern.

ONKEL SCHMUNZEL: Was für ein Beispiel Felix.

Ich habe heute morgen mit meiner Oma telefoniert und ich glaube, meine Großeltern waren über 50 Jahre verheiratet. Aus ihrer Generation geht es sicher vielen so. In der Generation meiner Eltern waren viele nach meinem Gefühl nur noch 20 bis 40 Jahre verheiratet und im Moment habe ich den Eindruck, dass gerade jüngere Paare selten länger als zehn Jahre zusammenbleiben. Warum ist das so? Hat auch das etwas mit unserer Zufriedenheit zu tun? Hat sich so viel verändert, dass man mit seiner Partnerin nicht mehr so lange zusammen sein will oder ist die Auswahl einfach größer geworden? Ich meine, heutzutage ist es sehr einfach, jemanden kennenzulernen. Im Zeitalter von Social-Media-Portalen, Smartphones und Flirt-Communitys kann ich täglich neue Menschen anonym kennenlernen. Der erste Eindruck ist oft völlig oberflächlich. Bist du als Mann unter 1,75 Metern wirst du bei Tinder schon mal großzügig nach links gewischt, da kannst du so humorvoll und intelligent sein, wie du willst. Meine Großeltern hatten keine so große Auswahl. Sie wussten nicht mal, wer im Dorf nebenan wohnt. Sie konnten sich gar nicht in den Mann oder die Frau 30 Kilometer entfernt verlieben, weil es nie zu einem Treffen gekommen wäre. Ist das also der Grund, warum sie jemanden aus ihrer kleinen geografischen Reichweite gewählt haben? Ich glaube nicht. Aber woran liegt es dann? Vielleicht waren sie schneller zufrieden? Das kann gut sein.

Ich habe manchmal das Gefühl, nach immer mehr zu streben und dabei zu vergessen, wie toll das ist, was ich schon habe. Weißt du, was das Problem ist?

> *Es gibt immer »mehr« und wenn es immer mehr gibt, dann gibt es kein Ende und man ist nie zufrieden.*

Wenn ich jahrelang Ferrari fahre, weiß ich mein tolles Auto irgendwann nicht mehr zu schätzen, und meine, ich bräuchte etwas Neues – ich bräuchte mehr. Steigende Ansprüche kann man häufig nicht einfach abstellen. Ich bewundere Menschen, die mit »einfachen« Dingen zufrieden sind, die mir niemals reichen würden. Wir sehen nur noch dieses »mehr«. »Einfach« genügt nicht.

Klar, als Kind haben wir unser Lieblingsspielzeug auch permanent gewechselt und wollten immer etwas Neues, aber ein gewisses Zufriedenheitsdenken wäre doch schön. Gerade für unsere gemeinsame Reise spielt das eine große Rolle. Du musst nicht nach Veränderungen suchen, wenn das, was du hast, dich glücklich und vor allem zufrieden macht.

Jessie J – Bang, Bang

Wenn ich hier so sitze, merke ich, dass es nicht um Geld geht. Mich bewegen andere Themen. Sie steuern einen viel größeren Anteil zu meiner Zufriedenheit bei. Wer betrunken ist, sagt sprichwörtlich die Wahrheit. Ich glaube, ich habe mir in betrunkenem Zustand noch nie Gedanken um Geld gemacht. Du?

> Wir sollten das, was wir haben, wertschätzen wie am ersten Tag, als wir es bekamen.

Ich will dir nicht vorschreiben, wie du dein Leben lebst. Für mich waren meine Großeltern und ihre Ehe immer ein Vorbild. Das Schöne sind für mich vor allem die Gemeinsamkeiten. Klar, ich finde auch Neues, Andersartiges reizvoll, aber langfristig schweißen uns doch vor allem Gemeinsamkeiten zusammen. Ein Lebenspartner im wahrsten Sinne des Wortes – ein stetiger Begleiter, Freund, Partner und Gefährte. So wie ich das hier auch für dich zu sein versuche.

Aber was ist für dich Zufriedenheit? Wann würdest du sagen, dass du zufrieden bist? Für mich ist Zufriedenheit ein Zustand der Ruhe, ein Moment, in dem ich nichts anderes möchte, den ich mit einem Lächeln zufrieden genieße. Wie der Moment, in dem du nach einem guten Essen deinen Espresso in den Händen hältst. Kennst du solche Situationen? Es ist nicht nötig, nach Neuem zu streben, sondern erfüllt zu sein, ob in der Liebe oder im Beruf. Ich fühle mich gerade wie Sokrates, während ich das schreibe, und würde jetzt gerne einen Smiley benutzen, aber ich bin stark. Ich bin einverstanden, mit dem, was ist. Das trifft es außerordentlich gut. Die Situation erhält meine Zustimmung und es gibt nichts, was ich ändern möchte.

Wir definieren *Zufriedenheit* auch aufgrund eines falschen Sprachgebrauchs nicht richtig und deuten das Wort wie eine Drei bis Vier im Schulunterricht. Dabei ist es in Wahrheit eine Eins. Du kannst mit bestimmten Dingen unzufrieden sein, das entspricht, um in unserem Bild der Schulnoten zu bleiben, einer Fünf oder Sechs. Oder du bist auf der Suche nach Zufriedenheit und bewegst dich zwischen einer Zwei und einer Vier, je nachdem wie nah du der Zufriedenheit gekommen bist. Erst wenn du sie wirklich erreicht hast und in diesem Moment verweilst, bekommst du eine Eins. Ich finde dieses Bild unglaublich hilfreich, auch wenn es rational heruntergebrochen ist. Es beschreibt genau, worum es eigentlich geht.

> Zufriedenheit ist das Ziel
> und nicht der Zustand auf
> dem Weg zu Neuem.

Zufriedenheit als Lebensziel zu definieren, ist für mich eine wunderschöne Vorstellung. Ich möchte in meinem Leben keine kurzfristigen Glücksmomente, sondern eine innere Zufriedenheit mit meinem schöpferischen Tun und meinen erfüllten Bedürfnissen. Wenn wir uns das Schulnotensystem vorstellen, hilft uns das aber auch beim Kampf gegen Unzufriedenheit. Alles, was dich unzufrieden stimmt, solltest du langfristig in etwas Zufriedenes transformieren. Das klingt nach Arbeit, aber sie lohnt sich. Im ersten Schritt definierst du, was dich unzufrieden macht. Es fällt dir bestimmt vieles ein. Wichtig ist jedoch zu verstehen, dass kurzfristiges Glück nicht langfristig helfen kann, Unzufriedenheit von dir abzuwenden. Wie könnte auch etwas Kurzfristiges zu einer langfristigen Lösung werden. So streben wir alle nach kurzfristigen Glücksmomenten, um fehlende langfristige Zufriedenheit auszu-

ONKEL SCHMUNZEL: In diesem Kapitel klingst du voll schlau.

gleichen. Dabei wäre es viel sinnvoller, das eigentliche Problem oder die Ursache der Unzufriedenheit an der Wurzel zu packen und zu eliminieren, statt immer nur die Blätter oben von der Pflanze abzureißen oder statt Erde über das Problem zu streuen, durch die die Wurzeln wieder emporwachsen.

Schau dir das Wort Zufriedenheit doch mal ganz genau an. Du findest darin das Wort *Frieden*. Was bedeutet dieses Wort für dich? Frieden ist ein Zustand der Stille, in dem es keine Ablenkungen oder andere Störquellen gibt. Klingt schon recht erstrebenswert, oder? Unzufriedenheit ist wie ein grauer Schleier, der auch schnell Dinge in seinen Bann zieht, mit denen du eigentlich zufrieden bist.

> Der unzufriedene Mensch findet
> keinen bequemen Stuhl.[2]

Was für ein passendes Zitat! Der Unzufriedene findet nie das Glück, das ihn zufrieden macht. Dieses Glück gibt es nämlich nicht. Das Einzige, was ihm hilft, ist, die Unzufriedenheit beim Schopfe zu packen und Platz zu schaffen, Platz für etwas Neues, das Zufriedenheit entstehen lässt.

Es gibt ein Land, in dem das Bruttonationalglück gemessen wird, Bhutan. Ich finde, das ist ein schönes Konzept. Sollte nicht das Glück die Grundlage unserer aller Leben sein und das Bruttoinlandsprodukt, also die Wertschöpfung, ersetzen? Es geht immer darum, um wie viel eine Wirtschaft wächst, dabei wäre es doch wesentlich relevanter zu erfahren, wie es den Menschen geht und <u>wie glücklich und zufrieden</u> sie sind? In einem Land, das die Zufriedenheit seiner Bewohner ausrufen würde, wäre ich gerne König.

FELIX:
Ich benutze das
hier mal synonym.

---

2 Benjamin Franklin

Wenn du Zufriedenheit findest, dann halt sie fest und beschütze sie, denn sie ist die Grundlage für den Genuss jedes einzelnen Moments deines Lebens. Strebe nur dann nach Neuem, wenn das, was du bereits hast, dich unzufrieden stimmt und nicht einfach nur, weil du etwas Neues willst. Menschen, die nach dieser Prämisse leben, sind für mich schon immer Vorbilder gewesen. Zum Beispiel Steve Jobs in seinem Rollkragenpulli, stets offen und interessiert, aber dennoch zufrieden, war für mich ein wahres Vorbild.

1 BG   2009
2 KTEM   2019
3 O.K. / FB   1960
4 H.F.   2009
5 H.W. SINN   YTU
6 B. SCH.   ⎫
7 H. SCH.   ⎬ R-MARKT
8 T. ROB.   ⎭
9 R. DAHLKE
10 K.T.   1982

6. SEI DEIN EIGENES VORBILD

Vorbilder, Anreiz, Verantwortung

Hast du Vorbilder? Damit meine ich keine Super-helden, sondern Menschen, die für dich ein Vorbild sind? Die etwas getan oder geschaffen haben, das du bewunderst? Die entscheidende Frage ist, was diese Menschen zu deinem Vorbild macht. Denk mal kurz darüber nach. Was zeichnet diese Menschen aus? Für mich gibt es neben meinem Groß-vater noch andere, die ich bewundere. Das Inte-ressante daran ist – ich bewundere sie aus völlig unterschiedlichen Gründen. Was macht dein Vor-bild zum Vorbild? Übrigens eine gute Stelle, um die Namen deiner Vorbilder einfach hier ins Buch zu schreiben.

Wie das Wort schon sagt, ist es ein Vor-*Bild*, ein Bild, das du dir vorhältst und dem du positiv nach-eiferst und nicht nachneidest. Wir wissen nicht, was diese Person getan hat, um dorthin zu kommen, wo sie nun steht. Finde die Punkte, die sie für dich zum Vorbild macht, und eifere diesen nach. Nicht ihr Name sollte dein Ansporn sein, sondern das, wofür sie steht oder was sie bereits erreicht hat. Diese Betrachtungsweise wird dich weiterbringen. Aber auch, wenn du darüber nachdenkst, wie diese Per-son dorthin gekommen ist, kannst du eine Menge lernen. Wie sah ihr Weg bis dorthin aus? Wo ist sie gestartet? Was spricht für dich dagegen, sich auf denselben Startpunkt zu stellen und ebenfalls dort zu starten?

Oft sprechen wir in diesem Zusammenhang von Neid. Wir sind neidisch auf das, was jemand ande-

FELIX:
Manchmal ist die deutsche Sprache so ein-fach. Wie ge-rade erst bei Zufriedenheit musst du ein Wort nur in seine Bestand-teile zerlegen.

FELIX:
Wenn du dein Ziel und den Start kennst, brauchst du »nur« noch eine Linie da-zwischen zu zeichnen.

res hat, das wir ebenfalls gerne hätten. Eine solche Betrachtungsweise wird dich nie weiterbringen. Im Gegenteil: Neid lähmt und bringt nicht voran. Denk in diesem Zusammenhang darüber nach, was die Person dorthin gebracht hat und was du von diesem Weg für dich lernen kannst.

Wir wünschen uns oft, mit jemandem zu tauschen. Wären wir denn auch bereit gewesen, seinen Weg zu gehen? Hierzu habe ich eine kleine Geschichte für dich:

Twocolors – Lovefool

Zwei Männer bewerben sich bei einem Unternehmen, einem großen Unternehmen – bei Facebook. Voller Tatendrang, mit einem exzellenten Lebenslauf und viel Erfahrung bekommen beide ein Vorstellungsgespräch. Das klingt wie der Beginn einer traumhaften Karriere. Aber beide wurden abgelehnt. Das war im Jahr 2007. Einer der beiden kaufte sich im Jahr 2009 ein iPhone. Es war Jan Koum. Als er es nutzte, fiel ihm auf, dass ein guter Messenger fehlt. Er hatte eine zündende Idee und gründete das Unternehmen WhatsApp, das dir sicher ein Begriff ist. Anfänglich konnte die App nicht viel, außer den eigenen Status anzuzeigen. Die Messenger-Funktion kam erst später hinzu.

Im Jahr 2014 erfolgte dann die überraschende Wende. WhatsApp hatte bereits Millionen von Nutzern und ging auf Wachstumskurs. Da meldete sich ein großes Unternehmen und kaufte den Dienst für 19 Milliarden Dollar. Es war Facebook – dasselbe Unternehmen, das die beiden Gründer nicht einstellen wollte. Interessante Entwicklung, oder?

ONKEL SCHMUNZEL: Starke Typen.

Wärst du diesen Weg auch gegangen? Hättest du dein Start-up an den Konzern verkauft, der dich zuvor nicht haben wollte. Klar, 19 Milliarden sind ein guter Grund für einen Verkauf, aber dennoch glaube ich, viele hätten sich aus Stolz, Trotz oder Ähnlichem dagegen entschieden. Oder wären sogar einen ganz anderen Weg gegangen und hätten sich nach dem erfolglosen Vorstellungsgespräch eine andere Branche gesucht. Wie so oft sehen wir nur die Spitze des Eisbergs und nicht, wie viel Arbeit ein Weg nach oben tatsächlich erfordert und wie viel Schweiß, Mühen und Ängste er mit sich gebracht hat. All dies wird dir auf deinem Weg auch begegnen, aber ich verspreche dir, dass wir uns mit diesen Widrigkeiten auseinandersetzen und dir einen Schlachtplan zurechtlegen, der dir hilft, sie zu besiegen.

Dieses interessante Detail kennen viele nicht: Koum wollte bereits Anfang 2009 nach dem Aufbau von WhatsApp aufgeben. Und wann hat sich sein Erfolg eingestellt? Ende des Jahres 2009! Auch hier hätten wahrscheinlich viele von uns bereits vorher die Flinte ins Korn geworfen, oder? Erfolg kommt nicht über Nacht und in der Regel auch nicht nach Wochen. Bei mir hat es lange gedauert, bis ich mich beruflich als erfolgreich bezeichnen konnte. Das lässt sich auch auf private Ziele und Erfolge übertragen. Einen Waschbrettbauch bekommst du nicht nach einmaligem Trainieren und eine neue Freundin lässt sich auch selten sofort herbeizaubern.

Eine Frage, die ich meinen Mentees dann immer stelle, lautet:

Wie sehr willst du es?

Bist du bereit, dafür zu schwitzen, zu weinen, schlaflose Nächte durchzustehen? Die Frage kannst du leicht mit Ja beantworten, aber bist du auch wirklich dazu bereit?

Ich erzähle dir jetzt eine Situation aus meinem Unternehmen und du entscheidest am Ende, wie du mit so etwas umgehen würdest. Deal?

ONKEL SCHMUNZEL:
Na ja, nicht ganz. Tinder kann das schon an einem Tag regeln.

FELIX:
Halt kurz inne und sage nicht einfach Ja. Dinge zu sagen ist einfach, aber sie nachher auch zu tun ist etwas anderes.

Kennst du das, wenn man auf einen Urlaub hinarbeitet und sich endlich eine Woche frei nehmen kann? Meist sind die Tage vor dem Urlaub die stressigsten. Ich hatte das ganze Jahr 2010 über wie verrückt gearbeitet, war platt und einfach fertig. Eines Morgens wachte ich auf, streckte mich und griff immer noch verschlafen zu meinem Handy. Ich hatte 20 Anrufe in Abwesenheit und mehrere Nachrichten, dabei war es noch nicht wirklich spät. Überrascht fiel mir auf, dass alle Anrufe die Vorwahl meiner Heimatstadt hatten. Verwundert rief ich meine Mailbox an:

»Guten Morgen Herr Thönnessen, Kriminalpolizei Viersen, ihr Büro wurde aufgebrochen, können sie mich zeitnah zurückrufen?« Das war nicht die Nachricht, die ich hören wollte. Ich rief an und erfuhr: Alles war entwendet worden. Wer bricht bitte das Büro eines kleinen Unternehmers wie mir auf? Ich besaß weder einen Safe noch irgendetwas wirklich Wertvolles.

Ich zog mich an, sprang in mein Auto und fuhr zum Ort des Geschehens. Schon von Weitem sah ich das Polizeiauto, einige Nachbarn <u>und andere neugierige Menschen</u>. Als ich ausstieg, wurde mir das Ausmaß des Geschehens schnell klar. Es war so gut wie alles weg, darüber hinaus hatte die Polizei mit Fingerabdruckpulver alles schwarz bepinselt. Das Fenster war aufgebrochen und die Hälfte der Einrichtung fehlte – Computer, Monitore, Drucker, die komplette EDV. Damals war das aber etwas anderes als heute, denn damals hattest du deine Daten nicht in einer Cloud, sondern in der Regel auf externen Festplatten. Und die hatten natürlich im Büro gestanden und waren auch weg. Darauf befanden sich meine Unternehmensunterlagen und alle Kundenprojekte. Ich hatte das Speichern auf Festplatten für eine gute Absicherung gehalten. Nie hätte ich gedacht, dass jemand mein Büro ausräumt.

ONKEL SCHMUNZEL: Sag doch ruhig Gaffer.

Nach einer Stunde wurde mir der Schaden dann richtig bewusst. Ich musste nicht nur Kunden informieren, sondern mir fehlten auch sämtliche Rechnungen, die ganze Buchhaltung und andere Dinge wie Grafiken et cetera. Meine damalige Freundin war als Au-pair in England und meine Freunde wohnten nicht in meiner Heimatstadt, wo ich mein Büro noch hatte. Zwei Stunden später waren alle Leute inklusive der Polizei weg. Ich stand alleine im verdreckten Büro mit aufgebrochenem Fenster und ohne irgendwelche Unterlagen. Geld hatte ich zu dem Zeitpunkt kaum, da ich kurz davor erst alles neu gekauft und eingerichtet hatte. Mit dem Rest hatte ich gerade meinen Bildungskredit zurückgezahlt. Trotzdem gab es einen Hoffnungsschimmer:

Etwa zwei Wochen vorher hatte mich ein Headhunter angerufen und mir einen lukrativen Job angeboten. Großartige Bezahlung, Leiter des Marketings, Firmenwagen und eine spannende Branche. Ich hatte ihm ursprünglich abgesagt, aber nun war er vielleicht die Rettung. Ich setzte mich auf den Schreibtisch und überlegte, was ich tun sollte.

Und jetzt kommst du ins Spiel. Du darfst entscheiden, wie diese Geschichte weitergeht und was du tun würdest. Ich stelle dir drei Möglichkeiten zur Auswahl. Entscheide frei, ohne darüber nachzudenken, was ich vielleicht tun würde.

Variante 1:

Vielleicht ist das ein Wink des Schicksals. Ich meine, es kann ja kein Zufall sein, dass mein Büro so kurz nach dem Anruf des Headhunters aufgebrochen wird. Die Bezahlung ist klasse und ich hätte Lust, ein cooles Team zu leiten, mit dem ich richtig Gas geben kann. Zudem würde ich ein tolles Auto fahren und wahrscheinlich weniger arbeiten als jetzt. Der Mietvertrag für das Büro läuft nur noch drei Monate und ich gerate bis dahin schon nicht allzu sehr in Geldnöte. Ich könnte alles so stehen lassen, erstmal eine Woche in den Urlaub fahren und von dort den Headhunter anrufen. Dann komme ich mit genügend Power zurück, räume alles aus und los geht der Traumjob.

Variante 2:

Uff, das war ein Schlag ins Gesicht. Wieso haben die ausgerechnet mein Büro aufgebrochen? Hier gibt es doch gar nichts zu klauen. Das Büro ist nicht mehr zu retten. Wer weiß, wie lange das mit der Polizei dauert. Und meine wichtigsten Daten habe ich bestimmt erst nach Wochen rekonstruiert. Den Urlaub muss ich absagen. Wie soll ich in so einer Stimmung in den Urlaub fahren. Nach dem Schock brauche ich erst einmal Zeit zum Überlegen und fahre nach Hause. Ich habe gerade Lust auf gar nichts, weder das hier wieder aufzubauen noch mich anstellen zu lassen und für jemand anders das Geld hereinzuholen. Ich brauche Zeit.

Variante 3:

Keine Ahnung, wie ich das hinbekommen soll, so, wie es hier aussieht. Ich bin richtig wütend, dass solche Idioten, die selbst nichts auf die Reihe kriegen, mein Büro aufbrechen. Aber möchte ich, dass andere darüber entscheiden, ob ich meinen Traum eines eigenen Unternehmens realisiere oder nicht? Will ich, dass ein paar Einbrecher entscheiden, wohin mein Weg im Leben mich führt? Will ich mit 80 auf der Veranda sitzen und von den Anfängen meiner Selbstständigkeit erzählen, bis die bösen Einbrecher kamen? Nein, das will ich nicht. Ich baue mir alles wieder auf, auch wenn ich noch nicht weiß, wie.

Sicher gibt es noch eine Menge mehr Möglichkeiten, die du wählen könntest. Ich hatte diese drei im Kopf und wusste nicht, welchen Weg ich gehen soll. Es ist leicht zu sagen, man wisse sofort, wie es weitergeht. Ich wusste das nicht, als ich vor dem Trümmerfeld auf meinem Schreibtisch saß. Für welchen Weg hättest du dich entschieden? Was hättest du in diesem Moment gewählt?

> Florence and the machine – You've got the love

Du kannst dir sicher denken, für welchen Weg ich mich später entschieden habe. Nach einiger Zeit des Überlegens habe ich Variante 3 gewählt. Nicht, weil ich so ein motiviertes, selbstsicheres Bürschchen bin, sondern weil sich die beiden anderen Varianten für mich wie Aufgeben angefühlt hätten. Ich will ehrlich zu dir sein, weil es mir wirklich schwergefallen ist, eine Entscheidung zu treffen.

Rückwirkend war dieser Einbruch für mich ein Gamechanger. Er brachte mir die Erkenntnis, dass ich alles für mich und für niemanden sonst tue, dass ich für meine Träume zuständig bin und zwar ich allein. Das ist weder stur noch verbohrt, sondern der bedingungslose Glaube an das eigene Tun und die eigenen Träume.

Beschütze deine Träume!

Und glaub mir, die Entscheidung ist mir schwergefallen. Du bist verantwortlich dafür, ob deine Träume wahr werden können und du solltest dich fragen, ob du bereit bist, für dich und dein Tun Verantwortung zu übernehmen. Bist du dazu bereit? In einigen Situationen im Leben wird dir niemand helfen und du stehst völlig allein da.

Was das mit Vorbildern zu tun hat? Eine ganze Menge, denn du bist zuallererst selbst dein Vorbild.

Du bist die, die für andere zum Vorbild werden sollte und der andere nacheifern, weil sie ihren Weg gegangen ist, ihre Träume verwirklicht hat, weil sie die Verantwortung für sich und ihr Handeln übernommen hat.

Viele Menschen geben diese Verantwortung ab und hoffen, dass andere alles für sie übernehmen. Das wird nicht passieren. Und so verabschieden sie sich immer mehr von dem, was ihre Träume ausmacht. Bist du bereit, ein Vorbild zu sein? Bist du bereit einzustecken? Bist du bereit für die Verantwortung? Ich wünsche es dir und begleite dich gerne dabei, damit wir langsam beginnen, unseren Weg zu gehen, nachdem wir Kräfte und Energie gesammelt haben.

7. MUSS ICH MICH JETZT ÄNDERN?

Veränderung, Motivation, Gewohnheiten

Wir sind alle Gewohnheitstiere und machen am liebsten jeden Tag das Gleiche. Ein Sprichwort bei uns im Rheinland lautet:

> Wat de buer nich kennt,
> dat frett he nich.

Was der Bauer nicht kennt, das frisst er nicht. Vielleicht hast du das auch schon mal gehört? Alles Neue, alles, was anders ist, verwirrt uns und verlangt von uns, unsere Komfortzone zu verlassen. Stell dir deine Komfortzone wie ein gemütliches Sofa mit Kuscheldecke und Tee vor. Dann kommt jemand daher und fordert dich auf, mit ihm nach draußen in den Regen zu gehen – keine besonders großartige Vorstellung.

Natürlich kannst du auf dem Sofa bleiben und dich wundliegen, aber die großartigen Dinge dieser Welt sind bisher nie deshalb geschehen, weil wir alle in unserer Komfortzone geblieben sind.

Gewohnheiten sind toll und gemütlich und sie geben uns Sicherheit. Warum also hinaus in den Regen? Nun, zunächst weißt du nicht einmal, ob es regnet. Du hast seit Monaten deine Fenster nicht geputzt. Vielleicht scheint die Sonne und alle tanzen vergnügt im Kreis, während du auf deinem alten, verstaubten Sofa liegst. Dieser Gedanke ist provokant, aber auch hilfreich.

*FELIX:
Wein, Bier, Kakao oder Sojalatte gehen auch.*

> Du weißt nicht, was um dich
> herum passiert und was du
> verpasst, wenn du deine
> Augen dafür nicht öffnest.

Wenn du starr auf die Glotze blickst, <u>kannst du das auch nicht herausfinden</u>. So viel Potenzial, so viel Energie bleiben liegen, weil wir nicht bereit sind, unsere Augen für andere Dinge zu öffnen und aufzustehen.

Herbert Grönemeyer – Bleibt alles anders

Wie fühlt es sich an, wenn du tief versunken in deinem Sofa sitzt? Mollig warm und herrlich weich. Toll, oder? Der Moment, wenn du aufstehen musst, erfordert Kraft und ist meist mit einem Seufzen verbunden, als würdest du dich vom Sofa verabschieden. Aber genau dieser Moment ist entscheidend. Wenn du nicht aufstehst und weiter versinkst, wirst du nichts anderes erleben als dein Sofa. Ehrlich gesagt kannst du dann auch hier zu lesen aufhören. Auch unsere Reise macht nur Sinn, wenn deine innere Bereitschaft vorhanden ist aufzubrechen.

<u>Der erste Schritt</u> oder besser noch die erste Bewegung ist entscheidend. Was zählt, ist die Kraft, die eigene Komfortzone mit völliger Ungewissheit zu verlassen. Es kommt gar nicht darauf an, wie weit du kommst, sondern ob du bereit bist, Kraft aufzuwenden, um dich zu erheben. »Erheben« passt in diesem Kontext ganz hervorragend. Du erhebst dich aus deiner Lethargie und bist bereit, aufzustehen und einzustehen, für dich und alles, was du vom Leben möchtest.

Florence and the machine –
Say my name (Spectrum) Calvin Harris Remix

Damit du diese Kraft jedoch hast, musst du dein Ziel kennen. Du musst etwas anderes fixieren als den Fernseher und den Wunsch in dir tragen, etwas erreichen zu wollen. Je besser du weißt, was du erreichen möchtest, desto mehr Kraft wird sich in dir sammeln. Das ist ein wenig wie Sehen im Dunkeln. Wenn du das Licht ausmachst, siehst du zunächst nichts. Erst nach einiger Zeit gewöhnen sich deine Augen an die Dunkelheit und du kannst besser sehen.

Was hält dich also davon ab, dein Sofa und sei es noch so gemütlich, zu verlassen? Es sind deine Gewohnheiten. Du weißt, wie sich alles anfühlt, wo die Kaffeekränze und die kleinen Flecken sind. Du weißt, welches Kissen am weichsten und welche Ecke am gemütlichsten ist. Veränderungen herbeizuführen, ist wesentlich schwieriger, als am Status quo festzuhalten. Der Fachbegriff dafür ist Neophobie, die Angst vor Neuem, vor Unbekanntem, vor dem Monster hinter der nächsten Straßenkreuzung. Wichtig: Genau deshalb haben wir im Kapitel zuvor auch über Zufriedenheit gesprochen. Wenn du mit deiner Situation im tiefsten Inneren zufrieden bist, dann darfst du natürlich sitzenbleiben, aber wenn du interessiert daran bist, etwas zu verändern, dann reiche ich dir jetzt die Hand.

»Nächstes Jahr höre ich auf zu rauchen.« »Nächstes Jahr mache ich wieder mehr Sport.« Solche Sätze hast du bestimmt schon öfter gehört, oder? Gegen Ende des Jahres besinnen wir uns darauf, was wir anders machen wollen, in welcher Hinsicht wir uns verändern möchten. In freudiger Erwartung und mit Stolz teilen wir das unseren Mitmenschen mit. Voller Motivation starten wir den 1.1. mit unserer Veränderung, um am 4.1. zu merken, dass das eine ganz doofe Idee war. »Es gibt schon einen Grund, warum ich Sport nicht mag« oder »Die paar Zigaretten haben noch keinen umgebracht«. Schnell ist

ONKEL SCHMUNZEL: Du bist mir ein toller Motivator.

eine Ausrede gefunden, damit wir unser Ziel doch nochmal auf das nächste Jahr verschieben können. Genug Vorbereitungszeit würde jetzt jedenfalls bleiben. Statistiken haben gezeigt, dass bis zum 14. Januar mehr als 90 Prozent aller Neujahrsvorsätze schon wieder passé sind. Lediglich ein kleiner, einstelliger Prozentsatz schafft es, die gewünschte Veränderung dauerhaft ins Leben zu integrieren. Alle anderen sinken zurück auf ihr Sofa. Erfolgreiche Veränderungen werden oft damit erklärt, dass die Veränderer motiviert genug waren, die anderen aber nicht. Das ist jedoch nur zum Teil richtig. Motivation ist keine gottgegebene Eigenschaft, die manche haben und andere nicht. Es ist etwas, das in uns allen liegt. Bei manchen ist sie ein wenig in Vergessenheit geraten. Um motiviert zu sein, brauchst du zwei Voraussetzungen: ein konkretes, für dich persönlich wünschenswertes Ziel, das du selbst setzt, und eine innere Begründung, warum du dieses Ziel unbedingt erreichen willst. Nur wenn beides zusammenkommt, entwickelt sich Motivation. Stell dir das wie einen Zaubertrank vor, den du mischst und für den du beide Zutaten brauchst. Wenn du also aufhören willst zu rauchen, dann ist das nur der erste Schritt. Du musst auch wissen, warum du aufhören willst. Eine reine Zieldefinition reicht nicht. Wenn du für dich erkennst, dass du nicht mit 70 an Lungenkrebs sterben willst und auch mehr Kondition für deinen Alltag brauchst, dann hast du den Grund gefunden, dein persönliches Ziel zu verfolgen. Was dir dann nur noch fehlt, ist der unbändige Wille, dein begründetes Ziel auch zu verfolgen. Hier spielen viele Faktoren eine Rolle, wie die genannten Gewohnheiten, die dich immer wieder zurückziehen. Stell dir mal vor, du hättest keine Wahl. Du müsstest die Veränderung herbeiführen, ansonsten stirbst du oder es passiert etwas anderes Fürchterliches. Wenn du also gar nicht die

Wahl hast aufzustehen, sondern dein Sofa brennt, stehst du dann auf?

Natürlich kannst du dich auch in Asche verwandeln, wenn du das willst, aber ich glaube die meisten würden ihren Poppes erheben und loslaufen. Meine Oma hat immer so schön gesagt:

> Du brauchst Kawuppdisch
> inne futt.

Stell dir vor, jemand würde dir eine Rakete in den Po stecken und sie dann anzünden. Das würde dich sicher antreiben. Nur dass du die Rakete eben selbst anzünden musst. Versuch, die Veränderungen, die du dir wünschst, als etwas zu betrachten, dass du unbedingt tun musst. Mir hilft das ungemein.

Jetzt schreien alle Gewohnheitsexperten auf: »Nein, oh Gott, bitte nicht. Die Leute sollen nicht denken, dass sie etwas müssen.« Und das meine ich damit auch nicht. Ich betrachte Müssen auch nicht als einen externen Zwang, sondern viel mehr als meinen eigenen Antrieb. Indem ich mir selbst Alternativen und damit Ausweichmöglichkeiten nehme, komme ich in <u>Zugzwang</u> und in die Umsetzung.

ONKEL SCHMUNZEL: Jetzt hast du doch Zwang geschrieben.

Ein wenig sanfter und angenehmer ist aber eine andere Vorstellung. Wenn du dir den Druck ganz nimmst und dir vorstellst, dass du etwas darfst. Stell dir das gerne nochmal mit dem Sofa vor. Du darfst aufstehen? Ja, klingt komisch. Aber vielleicht dürfen manche gar nicht aufstehen oder der Normalzustand ist, nicht aufzustehen. Verstehst du, was ich meine? Aber genau diese Gelassenheit und die freie Entscheidung können dazu führen, dass du dir sagst: »Och, das mache ich jetzt einfach mal.« So kannst du sogar zwischen zwei Taktiken wählen. Entweder setzt du dich wie beim Schach unter Zugzwang oder du stehst genüss-

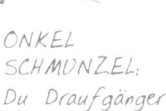

ONKEL SCHMUNZEL: Du Draufgänger.

lich auf, weil du es kannst und es deine freie Entscheidung ist.

Überhaupt sind Gewohnheiten dann am leichtesten zu etablieren, wenn der unbändige Wille nach Veränderung aus dir selbst kommt. Natürlich können andere Menschen dich motivieren und anregen, etwas zu ändern. Aber am Ende des Tages musst du es wollen, sonst kommst du nicht weiter. Das erkennt man gerade in meinem Business sehr gut. Dort gibt es Menschen, die immer wieder auf Motivationsseminare gehen und sich von einem Experten sagen lassen, wie toll sie sind und dass es jetzt losgeht. <u>Das reicht dann meist bis zum Dienstag nach dem Wochenende.</u> Nichts gegen diese Seminare, aber für die meisten sind sie der falsche Ansatz.

Du kennst wahrscheinlich von dir selbst gute und schlechte Gewohnheiten. Dinge, die du oft tust und ungerne ändern würdest, und andere, die du regelmäßig machst und auf jeden Fall ändern solltest. Aber das, was mich wirklich gestört hat, habe ich schon abgestellt und was noch übrig ist, betrachte ich als einen Teil von mir. Viele Menschen verfallen in einen Selbstoptimierungstrieb und sind dann nur noch damit beschäftigt, sich fortlaufend zu optimieren. <u>Wie einen Rennwagen, der permanent im Boxenstall steht und bei dem Teile ausgetauscht werden. Wirklich auf der Strecke unterwegs ist er dann aber nicht.</u>

Viele schlechte Eigenschaften lassen sich nicht einfach abstellen. Ich nenne dir ein Beispiel und einen kleinen Hack. Wenn ich morgens wach werde, greife ich als Erstes zum Handy. Dann bin ich circa 20 Minuten damit beschäftigt, Nachrichten zu lesen, E-Mails zu checken und mir die superwichtigen, neuen Storys auf Instagram anzuschauen. Mein Blick wandert nicht aus dem Fenster, sondern auf das 6,5 Zoll große Display meines Smartphones. Wenn ich jeden Morgen mit großartigen Nachrichten aus der Krebsforschung, mehreren neuen Aufträgen und einem steigenden Aktiendepot geweckt würde, wäre das auch nicht weiter schlimm. Zum Handy zu greifen halte ich nicht generell für falsch. Da aber klar ist, dass uns nicht immer nur gute Nachrichten erwarten, ist so mancher Morgen durchaus getrübt. Jetzt kann ich verschiedene Taktiken anwenden, um mich davon abzuhalten, das Handy überhaupt in die Hand zu nehmen:

1. Es liegt nicht mehr neben meinem Bett.
2. Ich verstecke es abends irgendwo.
3. Ich werde erst gar nicht wach.
4. Ich starte morgens immer mit Sport.
5. Ich sorge dafür, dass mein Handy sich nachts entlädt.
6. Ich stelle in einer App ein, dass das Handy nicht vor zehn genutzt werden darf.

Sicher gibt es noch mehr Möglichkeiten und sicher funktionieren nicht alle bei jedem von uns gleich gut. Mir geht es eher darum, dir zu zeigen, wie viele Möglichkeiten du hast. Ich bin ein ziemlicher Trickser und am liebsten trickse ich mich selbst aus. Und da ich nicht immer schlafen kann, scheiden viele Möglichkeiten aus.

Ich habe mich dazu entschieden, eine neue Gewohnheit zu etablieren und die heißt Natur. Ich stehe auf, ziehe mir die Hose vom Vortag an, putze mir im Gehen die Zähne und gehe sofort, circa zwei Minuten nach dem Aufwachen in den Wald. Ich genieße die Waldluft am Morgen – egal ob es Winter oder Sommer ist. Mein Handy bleibt zu Hause auf dem Nachttisch. Wenn ich wiederkomme und mir einen Kaffee oder Tee gemacht habe, setze ich mich gemütlich mit dem Handy in den Sessel und lese meine Nachrichten. Ich habe mir und meinem

Körper dann aber schon etwas Gutes getan und bin mit guter Laune in den Tag gestartet.

Ich habe also den oft negativen Start durch etwas anderes ersetzt. Ich habe den ersten Griff zum Handy durch etwas ersetzt, das ich stattdessen lieber mache, und so eine neue Gewohnheit etabliert. Versuch das mal. Ich finde es einfacher, als sich selbst zu zwingen, irgend etwas unbedingt zu lassen.

Dasselbe kannst du auch mit guten Gewohnheiten tun. Du kannst sie maximieren oder ihre Frequenz erhöhen. Auch das ist simpel. Wenn du etwas gern regelmäßig machst, dann denk doch mal darüber nach, ob du es nicht noch regelmäßiger tun könntest. Gerade dann, wenn du es magst und sich diese Gewohnheit für dich gut anfühlt. Ich mache das zum Beispiel auch mit kleinen Dingen. Ich mag es, tief einzuatmen und die Luft dann langsam durch die Lungen wieder nach draußen strömen zu lassen. Ich habe irgendwann einmal gelesen, dass man dreimal am Tag richtig tief durchatmen sollte und habe mir angewöhnt, das jeden Tag zu tun. Das beruhigt mich ungemein. Irgendwann habe ich mich gefragt, ob ich das denn nur einmal am Tag tun soll, was natürlich Quatsch ist. Und so mache ich das jetzt viel häufiger und genieße es jedes Mal. Diese simple Sache ist für mich zu einer sehr regelmäßigen Gewohnheit geworden und macht meinen Tag noch schöner.

> Ein Tag voller genussvoller und guter Gewohnheiten, führt zwangsläufig zu einem glücklicheren Leben.

Jetzt denkst du vielleicht, dass solche kleinen Dinge nichts bewirken und du damit nicht vorankommst. Damit liegst du leider falsch. Ich will dir auch sagen,

FELIX:
Such dir also etwas, dass die »alte« Gewohnheit ersetzt. Das ist oftmals viel einfacher, als zu versuchen, sie zu verbannen.

FELIX:
Senkt übrigens nachweislich den Blutdruck. Der Druck schwindet – passt ganz gut, oder?

ONKEL SCHMUNZEL:
Ich schnaube dann eher wie ein Stier und mache den anderen Angst.
Felix: Super Taktik – äußerst sympathisch.

warum. Stell dir mal vor, du würdest jeden Tag eine Mini-Kleinigkeit ändern. Wo würdest du dann in einem Jahr stehen? Da ich wenigstens in Mathematik in der Schule gut war, will ich dir das gerne mal ausrechnen.

$$1{,}01\verb|^|365$$

Dieses Zahlenwirrwar ist der Ausgangspunkt für dein neues Leben. Wenn du dich jeden Tag um 1 Prozent veränderst oder verbesserst, bist du nach einem Jahr 37-mal anders oder optimierter als jetzt. Das Ergebnis dieser Formel ist nämlich rund 37. Ich meine, das ist doch wohl verrückt. Eine kleine Veränderung am Tag führt nach einem Jahr zu so einem Ergebnis. Da sage mir mal jemand, kleine Veränderungen seien sinnlos. Aber warum ist das so? Ganz einfach. Wenn du jeden Tag 1 Euro auf dein Bankkonto überweist, dann hast du nicht nur jeden Tag 1 Euro mehr, sondern du bekommst jeden Tag auch mehr Zinsen, weil dein Kapital steigt – das nennt man dann den Zinseszinseffekt. Jede kleine Änderung hat Auswirkungen auf andere kleine Änderungen beziehungsweise ermöglicht neue kleine Änderungen.

Wenn ich in den Wald gehe, statt auf mein Handy zu schauen, dann mache ich dort gleich ein paar Dehnübungen am Morgen. So bereitet eine Änderung oft den Weg für weitere und schafft das Bewusstsein für Neues.

Ich habe mir vor einiger Zeit überlegt, meine Ernährung zu ändern. Nicht weil ich mich so schlecht ernährt habe, sondern weil ich meinem Körper mehr und bessere Energie liefern wollte. Ich habe mir einfach vorgestellt, ich sei ein Motor, der gewartet und betankt werden muss. Ich entscheide, welches Benzin und welches Öl er bekommt und welche Service-

FELIX:
Der Butterfly-Effekt wird zwar viel diskutiert, aber allein die Vorstellung, mit einer kleinen Veränderung Großes zu erreichen, ist sehr motivierend.

ONKEL SCHMUNZEL:
Vom Orakel zum Nachhilfelehrer in Mathematik.

ONKEL SCHMUNZEL:
Felix, du weißt schon, dass es schon lange keine Zinsen mehr auf der Bank gibt, oder?

FELIX:
Das ist eben dann genau der kleine erste Schritt, der noch mehr Schritte auslöst.

intervalle durchgeführt werden. Ich hatte aber keine Lust, Veganer zu werden oder Socken zu stricken. Aber irgendetwas sollte anders werden. Ich begab mich auf eine Reise. Der Titel lautet »Auf der Suche nach dem goldenen Dinkelkorn«.

Ich hatte keine Ahnung, wo ich anfangen sollte, aber jeder braucht schließlich einen Start. So habe ich mich dazu entschieden, ab sofort laktosefreie Milch zu kaufen. Witzigerweise habe ich weder eine Laktose-intoleranz noch weiß ich genau, was Laktose über-haupt ist. Aber vielleicht mag mein Körper ja keine Laktose, das weiß ich nicht. Zumindest hatte ich einen Anfang. Da ich sehr strukturiert bin, habe ich mir natürlich einen kleinen Plan gemacht. Ich wollte jede Woche eine Änderung etablieren. Wenn ich diese Än-derung eine Woche lang durchgezogen habe, sehe ich sie als etabliert an und beginne mit der nächsten.

Woche 1   laktosefreie Milch

Woche 2   glutenfreie Nudeln

Erster kleiner Hack: Fang mit einfachen Dingen an. Ich habe weder bei der Milch noch bei den Nudeln einen Unterschied gemerkt. Aber natürlich musste ich eine Schippe drauflegen.

Woche 3   kein Koffein mehr

Ich liebe Kaffee, aber den gibt es auch ohne Kof-fein. Das erste Mal kam ich mir vor wie ein Öko. Nächster Hack: Wenn ich in den beiden Wochen zuvor nicht schon Änderungen durchgeführt hätte, hätte ich diesen Schritt nicht geschafft, weil mein Mindset noch nicht so weit war. Neben koffein-freiem Kaffee bedeutete das auch, keine Cola mehr. Die Vorstellung, nur noch Wasser zu trinken, war nicht wirklich berauschend, aber machbar.

Woche 4   Weizenmehl ersetzen durch Dinkel

Mein Gott, es gibt 500 Mehlsorten und ich hatte keine Ahnung, dass die sich so unterscheiden, was die Nährwerte angeht. Ich fühlte mich auf einem regelrechten Trip. Weizenmehl durch Dinkelmehl zu ersetzen war aber ziemlich einfach und kostete mich weder Kraft noch Überwindung.

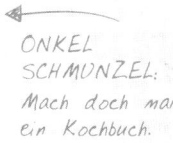

ONKEL SCHMUNZEL: Mach doch mal ein Kochbuch.

Woche 5   Der Endgegner: Kein Nutella mehr

Wer mich kennt, wird wissen: Das war nicht leicht. Ich meine Nutella, hallo, das ist wirklich ein Endgegner. Aber auch hierzu habe ich mir einen Trick überlegt. Ich kann beim Frühstück nicht auf Schokolade verzichten. Also musste ein Ersatz her. Ich habe mir Peanut-Butter und Schokoproteincreme besorgt und – schau an – das schmeckt fast noch besser.

Woche 6   Jeden Tag einen Saft

Damit meine ich keinen O Saft aus dem Supermarkt, sondern einen Powersaft. Ich habe mir eine Saftpresse gekauft, in die man alles werfen kann. Man braucht vorher fast nichts kleinzuschneiden und unten kommt das Turbo-Elixier heraus. Ich esse definitiv zu wenig Obst und Gemüse und so habe ich gleich zum Frühstück einen Saft, der alles beinhaltet, was ich brauche.

Woche 7   Kein Fleisch oder weniger Fleisch

Wenn du mir das vor sieben Wochen gesagt hättest, hätte ich dich ausgelacht. Der Junge isst Wurst zum Frühstück, Hähnchen zum Mittagessen und abends ein Steak. Für diese Veränderung habe ich ein wenig länger gebraucht. Ich habe damit begonnen, nur noch einmal am Tag Fleisch zu essen. Für den ein oder anderen klingt das immer noch nach viel, aber für mich war es eine Umstellung. Aus einmal am Tag wurde dreimal pro Woche und jetzt bin ich bei einmal pro Woche angekommen.

FELIX:
Nimm dir für große Veränderungen also Zeit und zerlege sie sonst gerne auch in kleine.

Ich könnte diese Liste für dich beliebig fortsetzen und ein eigenes Online-Programm daraus machen. Ich habe in diesen Wochen viel über mich gelernt, das gar nichts mit Ernährung zu tun hat. Sondern vielmehr über Vorurteile, schlechte Angewohnheiten und mein Durchhaltevermögen. Sieben Wochen zuvor hätte ich dieses Ergebnis nicht für möglich gehalten. Aber diese kleinen Schritte haben mich dahin geführt, wo ich jetzt bin. Das gilt im Privaten wie im Business. Ob ich wieder rückfällig werde, ob ein Jo-Jo-Effekt einsetzt? Nein, wie soll das gehen? Der Schritt zurück zum Anfang ist viel zu groß und der Endgegner längst besiegt.

Es gibt aber auch noch andere kleine Tricks, die dir helfen können. Eine weitere coole Taktik nennt sich Koppeln. Du kannst neue Gewohnheiten mit bestehenden koppeln, um sie einfach in deinem Leben zu etablieren. Stell dir das vor wie ein Tandem. Der hintere Platz ist noch frei und du strampelst vorne ja sowieso. Warum also nicht einfach noch jemanden mitnehmen?

ONKEL SCHMUNZEL:
Wenn es einen Preis für Metaphern gäbe, dann ...

Ich habe dir von meinem leckeren Saft erzählt, den ich jeden Tag trinke. Irgendwann habe ich mich natürlich mit Nährstoffen, Vitaminen und dem ganzen Kram beschäftigt und herausgefunden, dass ich gerne noch ein paar zusätzliche Sachen einnehmen will. Es gibt mittlerweile, glaube ich, jeden Nährstoff und jedes Vitamin auch als Kapsel zum Einnehmen. Leider habe ich immer vergessen, diese Nahrungsergänzungen einzunehmen und mich jedes Mal darüber geärgert. Bis mir eine Idee kam. Wenn ich mir jeden Tag diesen Saft mache, warum nehme ich die

Tabletten nicht gleichzeitig mit dem Saft. Ich kopple beide Aufgaben miteinander und mache eine neue Aufgabe daraus. Die nenne ich meine Powershot-Time und die besteht aus Saft und Tabletten. So vergesse ich weder den Saft noch die Tabletten, da beide eng miteinander verbunden sind. Wenn du duschst, verwendest du auch Shampoo und Duschgel und vergisst keins von beidem.

> Schaffe eine neue übergeordnete Aufgabe, und die Teilaufgaben gehen wie von selbst.

ONKEL SCHMUNZEL: Dünnes Eis Herr Thönnessen. Für Männer gibt es beides auch in einem und Frauen duschen oft auch ohne Haare.

Dasselbe kann dir auch mit schlechten Gewohnheiten passieren. Sie knüpfen sich gerne an ihre Brüder und Schwestern von der dunklen Seite. Wenn du schlecht drauf bist, isst du schlecht und manchmal fühlst du dich dadurch noch schlechter. Das kannst du dir wie eine Abwärtsspirale vorstellen. Das nennt man im Marketing den Diderot-Effekt – eine Kettenreaktion. Klingt jetzt nach einer fürchterlichen Herausforderung, oder? Ist es aber gar nicht. Eine Kette besteht aus verschiedenen Gliedern. Wenn du dich selbst in so einer Spirale oder Reaktionskette befindest, brauchst du nur ein Glied zu entfernen und schon ist die Kette durchbrochen.

Es kann auch hilfreich sein, den Auslöser deiner schlechten Gewohnheit zu entfernen. Gut, ich hätte mein Handy auch wegschmeißen können, aber das wäre sicher keine gute Lösung gewesen. Wenn du rauchst oder einmal geraucht hast, kennst du vielleicht die Situation, sich nach dem Essen eine Zigarette anzuzünden. Das Ende des Essens ist der Auslöser für die Zigarette. Wenn du das verstanden hast, ist der nächste Schritt einfach. Nach dem Essen wird dir etwas fehlen, wenn du aufhörst zu rauchen. Also brauchst du ein Substitut – ein Ersatz-

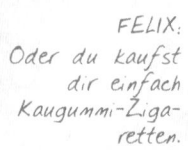

FELIX:
Oder du kaufst
dir einfach
Kaugummi-Ziga-
retten.

produkt. <u>Du musst die schlechte Angewohnheit, die durch den Auslöser entstanden ist, durch eine gute Gewohnheit ersetzen. Eigentlich gar nicht so schwer, wenn man das einmal verstanden hat.</u> Wenn Süßigkeiten auf deinem Tisch stehen, greifst du zu. Wenn du keine Süßigkeiten hinstellst, gibt es diesen Auslöser gar nicht erst. Der Weg zur nächsten Tankstelle ist dann doch oft zu mühselig.

DEIN WEG
ZUM ZIEL

8. WEGE GEHEN

Ziele, Zeitfresser, kleine Projekte

Wann stehst du auf? Um 10 Uhr mit der Post, um 8 Uhr, wenn du genau 7,5 Stunden geschlafen hast oder um 4 Uhr, weil du einen 4-AM-Club hast? Ich würde gerne zu der Gruppe gehören, die gar nicht schläft, damit ich alles, was ich vorhabe, wirklich schaffe. Es gibt Menschen, die mit fünf Stunden Schlaf auskommen. Wie funktioniert das bitte? Ich wäre an der Lösung sehr interessiert.

Wenn ich nach fünf Stunden aufstehe, habe ich das Gefühl, ich sei krank und bekomme meine Augen nicht auf. Ich stehe nur so früh auf, wenn mir jemand einen zu frühen Flug bucht. Schön, Abflug 5.30 Uhr und bitte seien Sie zwei Stunden vorher da, damit Sie noch in Ruhe einen Cappuccino für 8 Euro trinken können – <u>danke</u>. Nein, mal ehrlich, eine Zeit lang hat jeder zweite in meinem Umfeld an einem Club teilgenommen, wo sich die Leute um 4 oder 5 Uhr nachts vor dem Laptop treffen, um was bitte zu tun? Alle schlafen dann gemeinsam weiter oder spielen ein Spiel? »Wer schläft zuerst wieder ein?« Nein, es geht darum, motiviert in den Tag zu starten – bewundernswert.

> FELIX:
> Man ist so müde, dass einer nicht reicht. Problem schaffen und selber lösen – super Marketing.

> Aloe Blacc – The Men

Warum erzähle ich dir das? Nicht, weil ich mit dir einen 11-AM-Club für Schlafmützen gründen will, sondern weil ich mit dir darüber sprechen möchte, wie du alles schaffst, auch ohne mitten in der Nacht aufzustehen. Mit dem Thema Gewohnheiten haben wir einen Übergang geschaffen, um unseren Startpunkt nun verlassen zu können.

Wolltest du schon mal ein Übermensch sein? Damit meine ich nicht bloß jemanden, zu dem andere aufschauen, sondern jemanden, der anderen meilenweit überlegen ist. Was brauchst du dafür oder besser gesagt, wie wirst du so ein toller Hecht? Eigentlich ist die Lösung ganz einfach: Du musst ausreichend Chia-Samen essen, in jeder Mittagspause zum Sport gehen und abends eine geführte Meditation machen. Wenn du dir dann noch ein paar Youtube-Tutorials anschaust, ist das Ziel nicht mehr weit. Und wenn du dich richtig ins Zeug legst, dann kannst du bald ein paar Fotos vor deinem neuen, geleasten Ferrari mit Rolex machen. Ich klinge ironisch? Wieso?

Jeder weiß am besten, was für ihn oder sie gut ist, oder? Wir sind doch nicht fremdgesteuert und wissen das selbst. Welche Ziele verfolgst du in deinem eigenen Leben? Mir kam es manchmal so vor, als hätte ich so viele Ziele, dass ich die ganze Zeit damit beschäftigt war, sie zu erreichen. Leider erfordern all diese To-dos und Ziele eine Menge Arbeit und Zeit – darum das frühe Aufstehen. Von den 24 Stunden meines kurzen Tages standen mir nach Abzug dieser Zeit eher Minusstunden zur Verfügung, aber jetzt habe ich schon viel zu weit vorgegriffen.

Sammeln wir zunächst einmal unsere Zeitfresser. Welche Dinge sind dir wichtig, für die du Zeit opferst? Da du mir jetzt während ich dies schreibe nicht antworten kannst, erzähle ich dir gerne von meinen. Fangen wir mal mit der Arbeit oder besser dem »Hustlen« an. Ich stecke einen Großteil meiner Zeit in mein Business. Welches Ziel verfolge ich damit? Nun, vielleicht will ich reich werden oder berühmt oder einfach nur meine Miete zahlen, aber ich kann definitiv von mir behaupten, dass ich viel arbeite, was ich auch gar nicht bedauere. Ich kriege eher Kopfschmerzen, wenn ich zu viele E-Mails als unbearbeitet markiert habe oder wenn auf meinen Notizzetteln zu viele Nummern stehen, die zurückgerufen werden müssen. Jeder Anruf ist wichtig, die ganz wichtigen haben zwei Ausrufezeichen, die super wichtigen kriegen sogar drei.

Darüber hinaus habe ich Meetings, Termine mit anderen Menschen, nach denen ich oft merke: Ich hätte auch einen Mittagsschlaf machen können. Das soll nicht überheblich klingen, aber die meisten dieser Business-Dates hätte ich mir in den vergangenen zehn Jahren sparen können. Ähnliches gilt für die rund 200 Veranstaltungen, auf denen ich 1000 Visitenkarten gesammelt habe. Was hätte ich mit der gesparten Zeit alles tun können? Ich hätte mich an einen Strand setzen und einfach aufs Meer schauen können. Aber seien wir mal ehrlich, wie viel tut man beruflich, was man nicht tun müsste? Vielleicht entgegnest du jetzt: »Ja, aber manchmal weiß ich vorher nicht, ob etwas nützlich oder nutzlos ist.« Ja, da hast du vollkommen recht, bei vielen Dingen wirst du das niemals wissen. Was für dich nützlich ist, weißt du aber meist. So kannst du aus deiner Erfahrung heraus mehr Zeit für Dinge einplanen, die für dich einen Nutzen haben. Und weißt du, was das Praktische daran ist? Was nützlich ist, entscheidest du ganz allein. Wenn dein Nutzen dein eigenes Glück ist, dann nimm dir die Zeit, diesem Nutzen nachzustreben. Aber natürlich solltest du deine Zeit nicht nur für das glorreiche Arbeiten opfern.

Du verfolgst ganz bestimmt auch noch andere Ziele. Ich habe einen leichten Ernährungs-Fitness-Knall. Warum Knall? Das erkläre ich dir gleich. Mein Frühstück besteht zum Großteil aus geschrotetem Schrot und dazu gibt es dann ein paar Chia-Samen, Acai-Beeren und einen Hauch Agavendicksaft. Früher habe ich einfach Smacks oder Kellogg's Frosties

ONKEL SCHMUNZEL: Freak.

ONKEL SCHMUNZEL: Ok, jetzt sind wir doch in Esoterik I angekommen.

FELIX:
Oder sagen
wir, es gibt
Gesünderes, be-
vor mich jemand
verklagt.

gegessen. Kennst du die noch? War das nicht auch gesund damals? Nein, ich glaube das war <u>schon immer ungesund</u>. Mittags geht man als Business-Mensch meist in irgendein Restaurant oder besser in einen nahen, auf Slow Food spezialisierten Green-Smoothie-Laden. Abends darf ich bekanntlich keine Kohlenhydrate essen. Dabei weiß kaum jemand, was Kohlenhydrate überhaupt sind. Manche sind, glaube ich gut, andere sind böse und verstecken sich dann unter der Haut und gehen nie mehr weg. Bleibt abends nicht mehr viel übrig, was ich so essen kann. Stellst du dir nicht auch die Frage, was man dann noch essen darf? Brot, Nudeln, Kartoffeln, Obst und so scheiden ja schon aus. Nun, dann mache ich mir ein Ingwer-Kokos-Süppchen mit ein paar gerösteten Pinienkernen darauf. Ade, du schönes Nutella-Brot.

Die Frage ist, welches Ziel ich mit dem Spaß überhaupt verfolge. Natürlich geht es mir um meine Gesundheit. Es ist schließlich erwiesen, dass Chia-Samen viel besser als Leinsamen sind. Weißt du, was das Problem dieser Leinsamen ist? Die sind einfach viel zu billig. Und wenn ich schon ein paar Euro jeden Monat scheffle, dann investiere ich sie am liebsten in mich selbst. <u>Das sollten wir uns doch alle wert sein.</u> Ich glaube, ich mache das eher, weil ich denke, dass ich dann rank und schlank bleibe, bis ich irgendwann dann in einer Kiste liege und dreckig werde. Wahrscheinlich falle ich eher um, weil ich 20 Prozent meiner Hirnleistung jeden Tag darauf verwende, was ich essen »darf«. Wer verbietet mir eigentlich, jeden Tag Nutella-Brote – ach was sage ich? – Nutella-Buttercroissants zu essen? Niemand. Oder doch. Ich selbst verbiete mir das. Ich verbiete mir also das, <u>was ich eigentlich möchte</u>. Jetzt entgegnest du mir wahrscheinlich, dass ich auch nicht jeden Tag Nutella-Croissants essen kann, weil sie mir dann nach drei Tagen nicht mehr

ONKEL
SCHMUNZEL:
Jung, was bist
du so ironisch.

FELIX:
Niemals.

ONKEL
SCHMUNZEL:
Super Logik,
Felix.

schmecken. Dazu kann ich dir sagen: Das wird nicht passieren und falls doch, dann eher nach Jahren als nach Tagen. Natürlich möchte ich auf meinen Körper achten, sonst muss ich mir auch jede Woche neue Klamotten kaufen und das wäre teuer. Irgendwie befinde ich mich in einem Teufelskreis. Wenn ich ab heute nur noch Chia-Samen esse, werde ich dann 1000 Jahre alt?

Vielleicht sollten wir uns also vom Essen entfernen. Das macht mich nur traurig. Natürlich bin ich auch zu ein paar Prozent – vielleicht so 99 Prozent – äußerlich veranlagt. Also klar, das Aussehen wird zum Teil definiert durch meinen Körper, der nur noch Samen bekommt, aber natürlich gehört auch noch mehr dazu. Ein toller Körper entsteht aus der Symbiose von Sport, richtiger Ernährung und dem Drogeriemarkt. Sport finde ich super, ich glaube, das ist mal nicht gelogen. In letzter Zeit habe ich aber das Gefühl, mein Körper kämpft gegen den eigenen Verfall. Na gut, vielleicht ist das ein bisschen hart formuliert. Aber um es ehrlich zu sagen, treibt mich das Nutella-Croissant ins Fitnessstudio, das mir wiederum die Genehmigung erteilt, Nutella zu essen. Schon wieder so ein Teufelskreis. Mensch Felix, du musst dich einfach besser kontrollieren. Zweimal Sport sorgt für einmal Nutella. So hätten wir doch glatt ein positives Übergewicht und sehen bald aus wie ein richtiges Fitness-Model und können endlich Bilder ohne T-Shirt ins Internet stellen. Beim Joggen greife ich mir schon mal in den Hüftspeck und frage mich, ob es schon was gebracht hat. Kennst du das? Noch ein Tipp ist übrigens duschen. Ich glaube fest daran, dass man die Duschbrause nur hart genug einstellen muss, dann durchdringt der Strahl die Haut und löst überschüssiges Fett. Vielleicht wäre das mal eine Idee für ein großartiges Start-up – ich würde es kaufen.

FELIX:
Also eigentlich war nichts gelogen, sondern nur frech formuliert.

ONKEL SCHMUNZEL:
Übrigens ziemliche Schleichwerbung Freundchen.

FELIX:
Ich möchte an dieser Stelle betonen, dass jedes dieser Hemden völlig anders ist.

ONKEL SCHMUNZEL:
Natürlich.

FELIX:
Ich kenne mich sehr gut aus.

ONKEL SCHMUNZEL:
Er ist ein Mode-Experte.

Leider ist das noch nicht alles zur wunderbaren Welt der Oberflächlichkeit, die ich hier mal für dich ironisch überzeichne. Ich brauche auch etwas, das meinen wundervollen Körper kleidet. Und da ich ja businessmäßig unterwegs bin, investiere ich da natürlich schon den ein oder anderen Euro. Ich besitze, glaube ich, 20 weiße Hemden. Es gibt welche mit hellen und welche mit dunklen Knöpfen, es gibt Haifisch- und Kentkragen, solche mit Doppelmanschette, auch einige mit Brusttasche und natürlich Busfahrerhemden für den Bizeps. Ich glaube sogar, ich habe immer noch zu wenige. Viel schwieriger finde ich aber eigentlich, diese ganzen Dinge miteinander zu kombinieren. Wir Männer müssen Schuhe, Hose, Gürtel, Hemd, Sakko und allerhand anderes kombinieren. Als vor ein paar Jahren alle angefangen haben, bunte Socken zu tragen, war das einer der schlimmsten Momente in meinem Leben. Ich habe mittlerweile alle Farben des Regenbogens an Socken zu Hause und stimme diese sowohl auf Einstecktuch, Krawatte und Uhr ab. Jetzt sage mir noch mal jemand, dass sei nicht stressig. Am meisten hasse ich Hosen. Na gut, hassen ist vielleicht übertrieben. Aber kann jemand da mal festlegen, dass sich die Kleidung nicht permanent ändert? Warum tragen wir nicht alle Uniform und marschieren im Gleichschritt. Klar, das wäre sicher ein bisschen langweilig, aber ich glaube, das würde mir bei meiner Planung weiterhelfen.
Alle Ziele erreicht? Leider nicht. Es gibt noch ein paar banale Dinge, die wir festlegen sollten. Wenn ich mich in meinem 2000-Quadratmeter-Penthouse mit eigener Rooftop-Bar umschaue, wird mir schlecht. Einige der Bilder hängen schon länger als zwei Wochen an der gleichen Stelle. Auch finde ich immer wieder neue Ecken, die renoviert oder besser überarbeitet werden müssen. Ich überarbeite alles, inklusive mir selbst. Diese Ecken müssen zu-

nächst von Altem befreit werden, um die Basis für eine dann folgende Optimierung zu schaffen. Anschließend schaue ich mir bei Pinterest eine Menge Bilder an oder freue mich auf hippe Moodboards, um meine nicht vorhandenen Einrichtungsprozesse anzuregen.

Das Ergebnis ist meist ein Besuch im Baumarkt oder von 500 Onlineshops, die mir die neuesten Trendprodukte schmackhaft machen. Am Ende habe ich erfolgreich alles eingekauft und die Optimierung kann starten. Dieses Mal wird es eine Wand in Holzoptik, die von oben mit Edison-Birnen bestrahlt wird und vor der ein Schaukelstuhl aus den 1960er-Jahren steht. Das Ergebnis ist eher eine Ecke, die dringend gestrichen werden muss und in der jemand einen kaputten Sessel vergessen hat. Sehnsüchtig denke ich an meine 27-Quadratmeter-Studentenbude zurück, in der die Badewanne so klein war, dass das Wasser nie über die Knie reichte. Neben meiner Wohnung ist mein Lieblingsobjekt der edle Transporteur, der mich immer zu meinem Business kutschiert. Ich glaube, an keinem anderen Bereich meines Lebens lässt sich mein gesellschaftlicher Aufstieg so gut ablesen wie an meinem Auto. Gestartet mit einem rostigen, kleinen Ford Fiesta habe ich es geschafft, mich bis zum 400 PS E-Auto-Monster vorzuarbeiten. Ich glaube, darüber schreibe ich das nächste E-Book: »Vom Fiesta ganz nach oben.« Dass der liebe Wagen permanent in die Werkstatt muss, weil die Elektronik spinnt, lasse ich einfach weg. Es zählt der Moment, in dem ich aus dem offenen Fenster den Mädels auf der Königsallee zuwinken kann. Manchmal, wenn ich wirklich gute Laune habe, schmeiße ich ein paar 5-Euro-Scheine aus dem Fenster. Aber das Auto hat auch ein paar Nachteile. Nach der Anschaffung mussten erst mal ein paar anständige Felgen her. Das sind ja die Schuhe des Autos. Leider sind diese Felgen, zu

FELIX:
Ich liebe meine Beraterdenkweise.

ONKEL SCHMUNZEL:
Leicht selbstverliebt der Junge.

FELIX:
Ich hoffe, du hast genug gelesen, um ein Gefühl für meine Werte zu bekommen. Ein protziges Auto gehört leider nicht dazu.

denen natürlich auch Reifen gehören, doch etwas teurer als ursprünglich angenommen. Ich glaube ganz ehrlich, dass mein erstes Auto weniger gekostet hat als das, was nun in die Reifen geflossen ist.

Nachdem wir diese kleine Analyse durchgeführt haben, müssen wir uns jetzt einen Schlachtplan erarbeiten, mit dem wir unser Ziel »Übermensch« erreichen können. Dabei gibt es nur ein gravierendes Problem. Auch andere Menschen verfolgen das Ziel, Übermensch zu werden. Eigentlich ist das Ganze ein bisschen wie in einem Computerspiel. Oder besser noch wie bei *Game of Thrones*. Jeder möchte auf den eisernen Thron oder – falls du die Serie nicht kennst – jeder möchte Prinzessin Peach aus dem Schloss retten. Wir befinden uns also in einem stetigen Kampf mit einer Vielzahl an Wettbewerbern. Natürlich können wir den einen oder anderen leicht hinter uns lassen, weil der noch einen Ford Fiesta hat. Aber es gibt auch Konkurrenten, die es einem nicht so leicht machen.

Sicher trägt man nicht nur Siege davon. In meinem Fitnessstudio gibt es einige solcher Trainingsfreunde, deren Körper einem Abbild des großen Herkules gleichen. Das deprimiert beim eigenen Trainingsfortschritt. Jedoch wird mir wieder bewusst, dass andere diese Ziele nur erreicht haben, weil sie zu verbotenen Substanzen greifen. Das Maximum im Natural Bodybuilding habe ich bereits vor Jahren erreicht. Sanft streiche ich mir beim Sport über die Stelle zwischen dem zweiten und dritten Bauchmuskel und weiß, wofür ich das Ganze mache.

Ich hoffe, ich war dir nicht allzu ironisch. Aber mir geht es eigentlich um etwas sehr Wichtiges. Unser Leben besteht aus so vielen Aufgaben und Dingen, um die wir uns kümmern müssen. Wir vergessen dabei nicht nur, den Moment als solchen zu ge-

FELIX:
Zwischendurch hatte ich einen kleinen Lupo mit einem »No Fear«-Schriftzug auf der Scheibe – richtiger Draufgänger. .

ONKEL SCHMUNZEL:
Mehr Schein als ...

FELIX:
Wenn dir das auch nichts sagt, dann weiß ich nicht weiter und bitte dich, aufzuhören zu lesen.

ONKEL SCHMUNZEL:
An sich ist der Begriff »Bodybuilding« schon witzig. Ich baue oder besser »erschaffe« meinen Körper. Ich steige empor aus der Asche und glänze ...

nießen, sondern bauen uns selber ein Hamsterrad, das wir den ganzen Tag antreiben. Erinnere dich mal an die Zeit zurück, in der du nichts tun musstest und einfach der Spaß oder das Leben als solches im Vordergrund stand – eine schöne Vorstellung, oder?

Wincent Weiss – Weit weg

Häufig höre ich, dass jemand sagt, er habe keine Wahl. Und meistens stimmt das nicht. Es ist häufig so, dass Weg A viel steiniger gewesen wäre und er oder sie deshalb lieber Weg B gewählt hat.

> Wenn wir die Wahl haben, sollten wir nicht den Weg wählen, der leicht erscheint, sondern den, der uns tief in uns richtig vorkommt.

Und wenn du dann doch den falschen Weg ausgewählt hast, dann ist das so. Wenn du alles gesetzt hast und falsch liegst oder scheiterst, dann hast du es zumindest versucht. Manchmal weiß man, dass man schon lange auf dem falschen Weg ist und glaubt, den richtigen nie mehr zu finden, aber das ist nicht so. Geh zurück bis zu der Stelle, wo du mit dir glücklich warst, und geh von dort einen anderen Weg weiter. Das Leben ist so komplex und es gibt so viele Möglichkeiten, dass keiner direkt den richtigen Weg findet. Manchmal muss man einfach zurückgehen, auch wenn das Kraft kostet. Sonst stehst du irgendwann da und bemerkst, dass du dich selbst auf dem Weg verloren hast. Eine kleine Geschichte dazu:

Ihr Leben rauscht an ihr vorbei, wenn sie die Augen schließt – so viele Jahre, Monate und Tage voller Erfahrungen. Die Gedanken wandern durch ihren Kopf – Erinnerungen, die sie nicht mehr loslassen.

FELIX:
Ich weiß, diesen Anspruch stellen wir oft an uns, aber keiner hat eine Glaskugel.

Unbändiges Lachen als Kind, Entbehrungen als Mutter und Gedanken an ihn, der sie so lange begleitet hat. Momente, die ein Lächeln auf ihre Lippen zaubern und solche, die sie traurig machen. Ob sie falsche Entscheidungen in ihrem langen Leben getroffen hat, frage ich sie. Ob sie Dinge gerne anders gemacht hätte, möchte ich wissen. Sie lächelt mich an und antwortet: »Ja, viele. Aus heutiger Sicht hätte ich einiges anders gemacht«. »Aber warum lächelst du, wenn du das sagst?«, frage ich nach. »Weil genau das unser Leben ausmacht«, sagt sie und schließt zum letzten Mal ihre Augen.

Wenn wir uns mit Zielen auseinandersetzen, zu denen sich der Weg lohnt, dann müssen das nicht zwangsläufig immer schwer erreichbare Ziele sein. Erinnere dich an meinen Start mit laktosefreier Milch. Was fehlt dir jetzt gerade? Ja, jetzt im Moment. Fangen wir ruhig mit einfachen, fassbaren Dingen an. Mir fehlt gerade die Sonne. Jetzt wieder du – immer abwechselnd. Mir fehlt das Meer. Dir? Mir fehlen spanische Tapas. Patatas bravas und dazu Tintenfischringe in Knoblauchsoße. Wie viele Sachen fallen dir noch ein? Das müssen nicht nur oberflächliche Dinge sein. Genauso kann dir Liebe, Freundschaft, Geld oder etwas anderes fehlen – du entscheidest. Kritzle es einfach mit dem Stift ins Buch.

Manches kannst du dir schneller beschaffen, als dir bewusst ist. Wenn es dir fehlt und du es unbedingt willst, dann muss es auch einen Weg geben, es zu bekommen. Vielleicht fängst du nicht mit den schwierigsten Dingen an. Schreib dir zehn Dinge auf, die dir fehlen. Versuch deine Liste zu ordnen, von »einfach zu bekommen« bis »fast unmöglich«. So haben wir einen Anfang. Mach das doch mal. Ich mache es auch und dann sehen wir, wohin das führt. Ich nenne das meine Wunschliste.

FELIX:
Ich weiß, es fühlt sich manchmal seltsam an, aber ich mache es wirklich gerade auch.

100

Mein erster Punkt sind spanische Tapas. Das bekomme ich doch hin. Zum Supermarkt fahren, einkaufen und kochen oder vorbereiten. Schmeckt nicht wie in Andalusien, aber Kartoffeln kann ich schneiden und Tintenfischringe gibt es fertig. Dazu eine Flasche Rotwein und vielleicht ein bisschen spanische Musik und ich tanze Bolero durchs Wohnzimmer. Meine Nummer 2 ist das Meer und Nummer 3 die Sonne. Wie verrückt bin ich jetzt? Das Meer ist etwa 2,5 Stunden von dem Ort entfernt, an dem ich gerade bin. Dort sind es zwar gerade keine 35 Grad, aber immerhin scheint die Sonne. Also? Was mache ich jetzt?

Hinfahren! Ja, was sonst? Sonst können wir uns diese Liste und das ganze Buch sparen. Auch wenn es nur ein Moment wird, ist es ein so schöner, der mich glücklich macht. Und er zeigt, dass ich die ersten Dinge, die ich vermisse, einfacher bekomme als gedacht. Also, wir sehen uns in drei Stunden.

Das ist selbst für mich ein wenig verrückt. Jetzt sitzen wir hier am Meer und bis auf ein paar Spaziergänger ist kein Mensch da. Gott sei Dank habe ich etwas zu essen und zu trinken mitgebracht, ich habe nämlich schon wieder Hunger. Du denkst wahrscheinlich: »Dieser Motivationstyp ist niemals gefahren.« Aber da irrst du dich. Die wichtigste Aufgabe eines Mentors ist es, Erfahrungen weiterzugeben, und wenn du keine machst, dann hast du auch nichts weiterzugeben – somit ist es auch noch eine Geschäftsreise, die ich steuerlich absetzen kann – smarter Bursche.

Worüber schreibt man, wenn man auf das Meer blickt, fast alleine ist, weil man nach Knoblauch riecht, und auf der Fahrt im Radio die Rolling-Stone-Top-500 mit dem Lautstärkeregler am Anschlag gehört hat? Stell dir vor, du sitzt am Strand in einem Liegestuhl unter einer dicken Decke, die Sonne scheint und es bläst ein frischer Wind. Du

FELIX:
Komm doch auch, ich bin der mit dem Laptop, der nach Knoblauch stinkt.

ONKEL SCHMUNZEL:
Was vielleicht daran liegt, dass man nicht erst um 16 Uhr losfahren sollte.

FELIX:
Was gibt es Schöneres als positive Gedanken an früher – mit einem Lächeln im Gesicht und schiefem Gesang Richtung Meer?

bist inzwischen 80 Jahre alt und denkst darüber nach, was du in deinem Leben erreicht hast und welche Träume du dir erfüllt hast.

80 Jahre sind eine verdammt lange Zeit, da ist eine Menge passiert – 29 200 Tage. Worauf bist du stolz? Vielleicht hast du eine Familie gegründet und Kinder oder sogar Enkel bekommen? Die haben dann ihrerseits eine Familie gegründet. Dazu erzähle ich dir noch eine kleine Geschichte:

Für eine Reise über das Meer braucht man ein eigenes Boot. Das Boot muss man selber bauen. Das kostet viel Kraft, denn es muss stabil sein, damit es in den hohen Wellen besteht. Jeden Tag muss man etwas dafür tun, damit das Boot Form annimmt. Manchmal findet man einen anderen lieben Menschen, der einem beim Bauen hilft. Zusammen baut man an diesem Boot. Dabei erlebt man unendlich viel. Wenn man es schafft, das Boot fertig bekommt, kann man zusammen rausfahren. So weit und wohin man will. Man besucht die entferntesten Orte aller Länder. Wenn man einen Ort gefunden hat, an dem man bleiben möchte, legt man dort an und baut sich seine eigene Hütte. Jeden Tag erlebt man etwas Neues. Jeder Tag ist voller Abenteuer – nie ist man allein. Aus den zweien werden fünf, die sich eigene Boote bauen. Manchmal werden aus diesen fünf sogar vierzehn. Glück heißt dieser Abschnitt der Reise. Doch irgendwann ist man müde und erschöpft. Man weiß, wie viel man geschafft hat, und ist zu Recht stolz darauf. Man blickt den anderen in die Augen, steigt in sein eigenes Boot und sagt: Lebt wohl.

Dieser Text hat für mich eine ganz besondere Bedeutung. Es ist der Text, den ich im Namen meiner Familie bei der Beerdigung meines Großvaters vorlesen durfte. Ich weiß noch, wie es war, als der Pastor mich in der großen Halle nach vorne bat. Nie im Leben habe ich mich so schwach und zutiefst traurig gefühlt. Ich stand mehrere Minuten dort, ohne auch nur ein einziges Wort herauszubringen. Mein geliebter Mensch hat mich verlassen und ich wollte ihm so gerne etwas Liebes sagen, aber kein Wort kam über meine Lippen. Ich wusste nicht, was ich tun sollte, während alle zu mir schauten. In diesem Moment habe ich eine zweite Erfahrung gemacht, die mir gezeigt hat, was wirkliche Stärke bedeutet. Meine Oma saß neben meiner Mutter in der ersten Reihe mit einem Taschentuch in der Hand. Mein Blick war kraftlos auf den Boden gerichtet und ich wusste nicht, was ich tun sollte. Aber aus welchem Grund auch immer suchte ich den Blick meiner Oma, die mich in diesem Moment auch anschaute. Obwohl sie von allen Menschen in der Halle, die meisten Leiden ertrug, schenkte sie mir ein kleines Lächeln. In dem Moment durchströmte mich eine Kraft, die sich unglaublich anfühlte. Als hätte sie mir durch ihren Blick etwas geschickt, mir Mut gemacht, obwohl sie doch eigentlich am wenigsten Kraft spüren sollte. Nach diesem Blick konnte ich meinen Text vorlesen und voller Mitgefühl an meinen Opa denken. Ich glaube, das war einer der emotionalsten Momente in meinem Leben. Ich machte zum zweiten Mal in meinem Leben die Erfahrung, was wirkliche Stärke bedeutet und dass man diese Stärke wie durch einen Funken auf einen anderen Menschen übertragen kann oder wie mit einem Feuer das Licht eines anderen anknipsen kann.

FELIX:
Und genau das
empfinde ich
als Kern meines
Tuns.

Aber zurück zu dir: Welche deiner Träume hast du verwirklicht? Und welche nicht? Welche Dinge hast du auf deine Wunschliste geschrieben? Dinge, die dir fehlen. Sind sie nicht auch deine Träume? Dinge, die du dir wünschst? Vieles, was ich auf meine Liste geschrieben habe, ist schwer zu erreichen. Aber ich habe mit Tapas, Sonne und Meer drei von zehn geschafft – und das an einem halben Tag. Und ich fühle mich gut und habe das Gefühl, zu tun, wozu ich Lust habe. Alleine diese Feststellung ist doch positiv, oder? Woran liegt das? Daran, dass du am glücklichsten bist, wenn du machst, was dir wichtig ist.

Nimm deine Liste und fang mit den kleinen Dingen an. Vergiss aber nicht zu träumen. Stell dir vor, du hättest mindestens einen Wunsch frei.

9. DU HAST EINEN WUNSCH FREI

Selbstbestimmung, Gedanken, Lebensplanung

Wenn du bis hierhin gekommen bist, will ich dir ein Geschenk machen. Teil des Buchs ist, dass du einen Wunsch frei hast und dir wünschen kannst, was du willst. Mehr als ein Wunsch geht leider nicht. Vielleicht denkst du jetzt: »Das geht doch sowieso gar nicht.« Aber wer sagt das? Vielleicht habe ich magische Kräfte und kann genau deinen Traum verwirklichen? Na gut, ich kann es nicht, aber es ist aus einem anderen Grund wichtig, dass du dir etwas wünschst:

> Wenn du einen Wunsch frei
> hättest, welcher wäre es?

Was würdest du dir wünschen? Was ist dein sehnlichster Wunsch? Denk mal darüber nach.

Ist es ein berufliches Ziel, etwas Privates oder würdest du gerne etwas ungeschehen machen? Ich hätte gerne mehr als einen Wunsch, aber leider geht das nicht. Ist dir sofort klar, welchen Wunsch du äußern würdest oder müsstest du abwägen? Schreib ihn gerne hier ins Buch. Du kannst dir Flügel wünschen oder Zeitreisen, aber die meisten Menschen wünschen sich Dinge, die weit weniger unrealistisch sind, sondern sich unter gewissen Umständen umsetzen lassen. Aus dem schönen Film mit Will Smith *Das Streben nach Glück* kenne ich einen Spruch: »Wenn du einen Traum hast, be-

FELIX:
Wegen Fuschen.

FELIX:
Klingt wie ein
Anmachspruch
mit 18. »Hey,
ich mache deine
Träume wahr.«

ONKEL
SCHMUNZEL:
Der hat immer
gut funktioniert.

schütze ihn.« Da ist viel Wahres dran. Zu oft verlieren wir auf unserem Weg unsere Träume, weil ihre Verwirklichung uns zu weit entfernt scheint.

Mir hilft es, nach einem Weg zu meinem Traum zu suchen. Als würde man sich selbst eine Schatzkarte malen und den Weg von A nach B eintragen. Vorbei an Drachen, gefährlichen Holzbrücken und durch den Sumpf des Lebens. Genau das unterscheidet oft auch meine erfolgreichen Mentees von den weniger erfolgreichen. Sie beschützen ihren Traum und lassen im wahrsten Sinne des Wortes niemanden ran. Natürlich ist es normal, dass sie zweifeln, wer tut das nicht – noch heute morgen habe ich in einem Podcast darüber gesprochen. Wir denken, dass wir Zweifel abstellen müssen. Das ist Nonsens. Zweifel sind für mich völlig normal und sogar sehr hilfreich. Ich frage mich, woher meine Zweifel kommen und ob es berechtigte Zweifel sind. Oft zweifeln wir an Dingen, an denen Zweifel unberechtigt sind und eigentlich sind es meist gar keine Zweifel, sondern falsche Glaubenssätze. Gerade wenn wir mit anderen sprechen, passiert das schnell. Zweifel sind ansteckend, wie eine Grippe und wenn jemand an unserer Idee oder unserem Vorhaben zweifelt, überträgt sich dieses Virus schnell auf uns selbst. Dafür braucht man einen Schutz, wie eine Immunabwehr, die diese Zweifel zerstreut. Wichtig: Das bitte nicht mit Beratungsresistenz verwechseln. Viele Zweifel, oder nennen wir es positive Anregungen, sind berechtigt und helfen dir, deinen Traum sogar noch eher zu erreichen.

Bosse – Der letzte Tanz

Das Problem mit unseren Träumen ist nur: Wir selbst limitieren uns. Schau, bisher ist doch niemand an die Grenzen seiner Vorstellungskraft gestoßen. Woher ich das weiß? Nun, hat dir dein

Gehirn irgendwann einmal zurückgemeldet: »Halt, hier geht es nicht weiter.« Nein, oder? Das, was du dir vorstellst, ist immer noch nicht das Ende deiner Vorstellungskraft. Und wenn du das begriffen hast, wird dir klar, dass deine Vorstellung oder dein Wunsch nur etwas auf dem Weg ins Ungewisse ist und keinesfalls das Ende alles Möglichen.

Wenn du dir etwas für dich nicht vorstellen kannst, wie sollen das andere für dich tun? Ich habe in meinem Büro eine große Sanduhr stehen. 120 Minuten laufen ab, wenn ich sie umdrehe. Manchmal spiele ich ein Spiel mit mir selbst. Ich drehe die Uhr um und lege mir ein Blatt und einen Stift daneben, auf dem ich Dinge notiere. Dabei gebe ich 120 Minuten Vollgas. Nach 120 Minuten ist meine Sanduhr abgelaufen und ich schaue auf den Zettel. Ich bin oft überrascht, was ich in diesen 120 Minuten geschafft habe. So stelle ich mir dann das ganze Leben vor, und das hat mehr als 120 Minuten zu bieten. Wenn du 80 Jahre alt wirst, hast du bis dahin 683 520 Stunden und mehr als 41 Millionen Minuten gelebt. Ist das nicht verrückt? Sich das mal auf den Kopf gestellt vorzustellen? Eine Sanduhr mit so einer Menge Sand wäre sehr hoch. Meine ist 30 Zentimeter hoch – und das für 120 Minuten. Damit müsste eine Lebenssanduhr 102 Kilometer hoch sein. Und du willst mir wirklich sagen, du hast keine Zeit? Nimm dieses Bild mit, es ist unglaublich hilfreich.

Du hast so viele Wünsche an dein Leben und sehr viele von ihnen hast du dir schon erfüllt. Viel zu oft vergessen wir das und denken an den nächsten Wunsch. Ich finde es interessant, sich bewusst zu machen, dass das privat als auch beruflich gilt. Als Unternehmer suche ich nach dem nächsten Wunschprojekt, das ich verwirklichen will und vergesse, was ich alles schon erreicht habe. Und privat erfüllst du dir den Traum der ersten eigenen

FELIX:
Ich nenne das
wirklich so.

FELIX:
Hoffentlich habe
ich alles richtig
berechnet.

FELIX:
Du erinnerst
dich, wir haben
über Zufrieden-
heit gesprochen.

Wohnung, die du beim Hausbau schon wieder vergessen hast.

Ob du dir das nun mit Wünschen oder einem Lottogewinn vorstellst, es läuft auf dasselbe heraus. Vielleicht erinnerst du dich noch an Lutz und Lisa, unsere glücklichen Lottogewinner, und an das Gedankenspiel, was du und ich mit dem Gewinn machen würden. Was hast du dir gewünscht? Und was könntest du auch ohne einen Lottogewinn realisieren und erreichen?

Vielleicht ist dir das aber zu seicht und du willst es noch greifbarer – kommt sofort. Stell dir mal Folgendes vor: Auf der Erde leben derzeit acht Milliarden Menschen – jede Art von Menschen. Coole Surfer in Australien, streng gläubige Buddhisten in China, Cowboys in Texas oder Lkw-Fahrer in Schweden – verschiedene Menschen gibt es auf der Welt genug. Diese Vorstellung führt mich zu einer Aufgabe, die ich gerne mit dir machen möchte.

Wir werfen nun alle Menschen in Form von Kugeln in eine riesige Lostrommel. Jeder Mensch ist eine Kugel mit einer Nummer. Wir nennen es das Spiel des Lebens, um es ein wenig cooler wirken zu lassen. Ich biete dir nun einen Deal an: Du kannst dein eigenes Leben selber in diese Lostrommel werfen. Wenn du das wagst, darfst du als Ausgleich eine Kugel deiner Wahl ziehen und verwandelst dich in diesem Moment in diese andere Person. Dabei gibt es jedes Alter, jedes Geschlecht, jeden Beruf und alles andere, was Menschen ausmacht. Vielleicht ziehst du den Investmentbanker aus Hongkong, die Ureinwohnerin im Tropenwald Brasiliens oder das Straßenkind aus Indien – alles ist möglich. Würdest du diesen Tausch wagen?

Die wenigsten meiner Mentees, denen ich diese Frage stelle, oder die wenigsten Teilnehmer an einer meiner Keynotes würden bei diesem Spiel

FELIX:
Übrigens auch ein cooles Tool und eine andere Art des Koppelns: Was würdest du dir kaufen, wenn du im Lotto gewinnst? Jetzt streichst du den Gewinn und betrachtest nur noch die Wünsche und überlegst dir einen anderen Weg.

FELIX:
Kriegst du das von der Vorstellungskraft hin?

ONKEL SCHMUNZEL:
Ja, voll anspruchsvoll.

mitspielen. Aber ich will es dir noch schwerer machen: Sagen wir, du dürftest das Alter und das Geschlecht der anderen Kugeln wählen, die du ziehen kannst und die Auswahl damit eingrenzen, würdest du dann mitspielen? Du kennst jedoch weder dein Umfeld noch das Land deiner Geburt noch irgendetwas anderes. Wenn du nun darauf spekulierst, ein Baby zu ziehen, um nochmal neu zu beginnen, kannst du immer noch in einem schrecklichen Umfeld aufwachsen oder in totaler Armut. Traust du dich?

Auch hier passen die meisten und wollen das Spiel des Lebens nicht spielen. Und genau das finde ich interessant. Obwohl uns so viel stört, wir mit so vielem unzufrieden sind, möchten wir mit den wenigsten Menschen dieser Erde tauschen. Vielleicht ist dann doch nicht alles so fürchterlich, wie es manchmal erscheint? Wenn du das nicht mehr vergessen möchtest, bestell dir eine kleine Lostrommel und stell sie symbolisch in ein Regal oder auf deinen Schreibtisch.

Oft haben wir das Gefühl, andere erreichen so Manches leichter als wir. Dabei vergessen wir gerne, dass in unserer eigenen Welt weder Kampfjets Bomben über uns abwerfen noch ein Diktator unseren Tag bestimmt, und dass wir auch nicht hungern müssen oder für 5 Cent am Tag Müll einsammeln.

> Mj Cole, Freya Ridings – Waking up

Wir haben so viele Talente und solch ein Glück, dieses Leben zu leben. Dessen sollten wir uns öfter bewusst sein. Gerade wenn du darüber nachdenkst, dass du nichts schaffst, solltest du deine eigene Ausgangssituation mit den Menschen vergleichen, die viel weniger haben. »Mein Umfeld ist nicht optimal.« »Meine Freunde ziehen mich runter.« Diese beiden Sätze bekomme ich sehr häufig zu hören.

Aber, du kannst dein Umfeld ändern. Und das ist ein Luxus, den die meisten Menschen auf der Welt nicht kennen.

> Wir leben in Luxus, was wir viel zu oft vergessen, weil wir nichts anderes kennen. Alles kannst du im Leben nicht schaffen. Aber wenn du nicht daran glaubst, etwas schaffen zu können, dann schaffst du gar nichts.

Und das ist genau der entscheidende Punkt. Du musst an das glauben, was du erreichen willst. Du redest dir jeden Tag Dinge ein. Warum dann nicht auch positive? Wenn du selbst nicht an etwas glaubst, erwarte es auch nicht von anderen. Andere Menschen sind nicht dazu da, dir zu sagen, dass deine Träume Wirklichkeit werden können – das ist deine Aufgabe.

FELIX:
Ja, das ist hart, aber auch eine Möglichkeit, selbst zu entscheiden.

Auch hier ist der erste Schritt wichtig, wie beim Bücherschreiben. Der erste Tastenanschlag macht dich bekanntlich bereits zum Autor und nicht erst der letzte. Klar kannst du ein Leben lang darauf warten, dass sich eine bestimmte Situation einstellt und enttäuscht sein, wenn sie sich nie bietet. Von Janosch gibt es da etwas Schönes. Vielleicht kennst du noch den kleinen Tiger und den kleinen Bären? Der kleine Tiger geht zum »Pilze finden« in den Wald. Er geht nicht in den Wald, um Pilze zu »suchen«. Ziemlich interessante Betrachtungsweise, oder? Sein gesetztes Ziel lautet »finden«, nicht »suchen«. Positive Affirmation würde man das heute nennen. Der kleine Tiger stellt sich vor, wie er Pilze findet, und nicht wie er umherirrt und deprimiert ohne Pilze zurückkehrt.

Die eigene Vorstellungskraft ist mehr als nur nettes Beiwerk. Es kommt auf den Blick auf die Dinge an.

Der eine geht motiviert und voller Hoffnung in den Wald und der andere denkt die ganze Zeit daran, dass er ohne Pilze heimkehren könnte. Was glaubst du wohl, wer Pilze finden wird? Natürlich kann dir niemand versprechen, an der nächsten Ecke ernten zu können. Aber wenn du vorher schon weißt, dass es nichts wird, brauchst du dich auch gar nicht erst auf den Weg zu machen und kannst weiter an der Sitzdelle in deiner Couch arbeiten.

Ja, es können dich im Wald Dinge erwarten, die du nicht kennst. Alles Neue hat auch Ungewisses, sonst wäre es nicht neu.

> »Jedem Anfang wohnt ein Zauber inne[3]«, und Begeisterung ist der Beginn von Neuem.

Manchmal ist es so simpel.

Vielleicht wartet hinter der nächsten Ecke auch ein Monster statt dem leckeren Champignon. Aber dann nimmst du eben eine Steinschleuder oder deine Laufschuhe mit. Was kann im schlimmsten Fall passieren? Gerade das Grübeln über die Dinge und die negative Risikoabwägung ist wie ein Klotz am Bein. Wir deprimieren uns selbst und reden uns ein, dass etwas nicht klappen wird. Genauso können wir uns selbst etwas Positives einreden. Es ist die Frage, was wir mit unserer Energie tun. Mit einer negativen Einstellung wirst du Unglück automatisch anziehen. Warum? Weil du überall negative Dinge siehst oder zweideutige Dinge negativ und nicht positiv bewertest. »Mist, heute habe ich nur 5000 Zeichen geschrieben und nicht mehr« oder »Wow, schon wieder 5000 Zeichen auf der Habenseite.« Ein und dasselbe kannst du aus so vielen

---

3 Hermann Hesse – Stufen, vergleiche Quellenangabe Seite 36

Blickwinkeln betrachten – entscheide dich für die positive Sicht der Dinge.

Ich finde es <u>sinnvoll, mit den negativen Gedanken zu sprechen</u>. Und das tue ich auch selbst. Beispiel? Gerne.

Ich habe oft eine Menge zu tun und habe das Gefühl, meine To-do-Liste wird voller und nicht leerer. Hat sie sich geleert, kommen wieder drei bis vier neue Aufgaben dazu. Manchmal habe ich dann das Gefühl, Stress und Druck nehmen überhand. Und dann spreche ich mit diesen beiden Gesellen: »Hey Jungs, ich habe schon genug erreicht und nicht alles muss sofort fertig werden«, flüstere ich ihnen entgegen. Mir hilft es, auch in anderen Lebenslagen extrem negative Gedanken nicht einfach auszublenden, sondern mit ihnen zu sprechen. Manchmal auch ein wenig humorvoll. »Ja, da bist du ja wieder Selbstzweifel, wo hast du gesteckt Frechdachs?« Das macht für mich greifbar und benennbar, was passiert, und gibt meinen Emotionen ein Gesicht. Okay, manchmal ist es kein besonders Schönes, aber es macht Gefühle greifbarer.

Gemein ist in diesem Zusammenhang die Prokrastination, die Kunst des Aufschiebens. Kennst du, oder? Dinge aufzuschieben ist generell nicht verwerflich. Wir schieben sie so lange auf, bis sich ein so großer Haufen aufgetürmt hat, dass niemand mehr weiß, was alles darunter liegt. Dann frieren wir ihn ein und schleppen ihn für immer mit uns herum. Wir packen ihn auf einen Karren, den wir hinter uns herziehen müssen. Wenn wir in diesem Buch eine gemeinsame Reise machen, müssen wir die Dinge zwangsläufig anpacken. Wenn du Aufschiebekönigin oder Ich-mach-das-morgen-König bist, dann helfe ich dir jetzt.

Ich schiebe selbst auch Dinge auf. Aber ich schiebe nichts mehr auf, das mir wichtig ist oder einen

elementaren Bestandteil meiner eigenen Traum-
welt darstellt. Woher kommt es, dass wir Dinge aufschieben? Dafür gibt es eine Menge Gründe und
es gibt auch genug Möglichkeiten, das aufzulösen.
Und weil ich gerade in Macherlaune bin, will ich dir
das gleich erklären. Was sind die Gründe für Auf-
schieberitis und was kannst du dagegen tun?

1. Das Ziel ist zu weit entfernt.

Große Ziele sind toll, aber wenn sie zu weit weg
sind, verlieren wir einfach den Überblick, welcher
Weg dorthin der richtige ist. Setze dir Ziele bis zu
dem Punkt, bis zu dem du dir noch einen Weg denken kannst. Brich deine Ziele herunter.

2. Das Ungewisse droht.

Wir wissen nicht, was uns erwartet und starten deswegen gar nicht erst durch – schlechte Taktik. Was
kannst du realistisch erwarten? Und nicht: Welche
Monster warten hinter dem nächsten Baum?

3. Dein Ziel ist falsch.

Wenn es nicht deins oder für dich das falsche Ziel
ist, dann wirst du dich nicht lange dafür motivieren
können. Wenn du kein Tennisprofi werden willst,
wirst du dich nicht langfristig für Tennisunterricht
begeistern können.

4. Du hast viel zu wenig Zeit.

Klingt zunächst unlogisch, ist es aber nicht. Weite
Ziele brauchen auch einen weiteren Zeitrahmen
und falsche Zeiteinteilung ist ein Motivationskiller.
Lieber langsam ans Ziel kommen als gar nicht.
Viele Menschen verwechseln Aufschieben mit feh-
lender Motivation. »Der ist einfach nur faul«. Viel
häufiger ist einer der oberen Punkte der Grund.
Faulheit ist meist nur das Ergebnis des falschen
Antriebs. Wenn du deinen Antrieb gefunden hast,

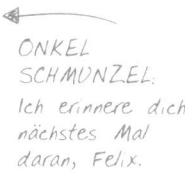

ONKEL
SCHMUNZEL:
Ich erinnere dich
nächstes Mal
daran, Felix.

wirst du zwangsläufig erfolgreicher. Egal, was Erfolg für dich bedeutet.

Ich habe mir etwas für uns beide überlegt, das mir selbst sehr weitergeholfen hat. Vor ein paar Jahren gab es eine Situation, in der ich unglücklich war. Ich war erfolgreich, verdiente genug Geld und arbeitete fürs Fernsehen. Dennoch fehlte mir irgendetwas. Ehrlich gesagt war ich sauer auf mich selbst, weil ich mir das Recht abgesprochen habe, unglücklich zu sein. »Felix, du hast alles, was andere sich wünschen. Hör auf, unzufrieden zu sein«, sagte ich zu mir selbst und setzte mich nicht intensiver mit meinem Gefühl der Unzufriedenheit auseinander. Aber da es mich nicht losließ, tat ich es irgendwann dann doch. Jeder, der solche Momente kennt, weiß: Meist ist es gar nicht das Problem, eine Lösung zu finden, sondern man weiß gar nicht, was überhaupt das Problem ist. Und weil ich als alter Berater natürlich kein Problem ungelöst lassen möchte, bohrte ich weiter. Eines der Kernprobleme für mich war: Ich hätte lieber etwas anderes gemacht, als das, was ich damals gerade tat. Mir dies einzugestehen, war für mich eine wichtige Erkenntnis. Wie finde ich denn heraus, <u>was ich gerne tun würde, habe ich mich dann gefragt?</u>

Um dieses Problem, und ich nenne es bewusst so, zu lösen, habe ich eine Taktik entwickelt, die ich mit dir teilen möchte. Ich bin ein großer Fan von Fragen, weil du so selbst die Lösung erarbeiten und sie für viele Situationen universell anwenden kannst. Meine folgenden zehn simplen Fragen helfen dir, wenn du in eine solche Situation gerätst. Einzeln beantwortet sind sie auch hilfreich, wenn dich ähnliche Zweifel packen. Es bleibt dir immer freigestellt, wie du solche kleinen Aufgaben angehst. <u>Ob du das nur in deinem Kopf machst oder wie ich alles aufschreibst, ist deine Entscheidung.</u>

FELIX:
Wenn ich das so lese, war das wohl eine leichte Sinnkrise.

ONKEL SCHMUNZEL:
Bitte benutz einfach den Bleistift.

Frage 1: Mit wem würdest du gerne tauschen?/Wer wärst du gerne?

Natürlich kann ich dir diesen Wunsch nicht erfüllen. Aber denk doch mal ernsthaft in diesem Moment darüber nach. Mit wem würdest du dein Leben tauschen? Wenn du so eine Person gefunden hast, dann such nach den Dingen und Gründen, warum du gerne diese Person wärst und schreib sie dir auf.

_____

_____

_____

Frage 2: Wie sieht dein Wunschtag aus?

Wenn du deinen Tagesablauf frei wählen könntest, was würdest du dann tun? Und was nicht?

_____

_____

_____

Frage 3: Was macht dir Spaß?/Was tust du gerne?

Die Frage ist so leicht, wie sie klingt. Wo geht dein Herz auf? Was machst du am liebsten? Was kannst du unentwegt tun?

_____

_____

_____

Frage 4: Was macht dir weniger Spaß?

Auch diese Dinge wirst du kennen: Was macht dir keinen Spaß?

_____

_____

_____

Frage 5: Wovon hättest du gerne mehr/weniger?

Was möchtest du gerne mehr in deinem Leben haben und was verbannen?

_____

_____

_____

Frage 6: Was zeichnet dich persönlich aus?

Wenn du diese Frage deinen Freunden und deiner Familie stellen würdest, was würden sie sagen?

_____

_____

_____

Frage 7: Welche Begriffe beschreiben dich?

Mit welchen Schlagworten oder Begriffen würdest du dich selbst beschreiben?

_____

_____

_____

ONKEL
SCHMUNZEL:
Frage mit Frage
erklärt - super
Felix.

Frage 8: Welchen Anspruch hast du an das, was du tust?

Was ist dir wichtig, bei dem, was du tust. Wofür möchtest du stehen?

_____

_____

_____

Frage 9: Wie würdest du gerne deine Zukunft beschreiben?

Stell dir mal vor, wie die Zukunft für dich aussehen könnte. Wie hättest du dein Leben am liebsten?

_____

_____

_____

Frage 10: Was ist dir wichtig?

Ganz offen gefragt, auf was könntest du niemals im Leben verzichten?

_____

_____

_____

Mir haben diese Fragen sehr dabei geholfen zu erkennen, was ich mit meinem Leben anfangen möchte. Du bist besonders, du bist einzigartig und wertvoll und das sage ich nicht, weil ich einen Esoterikratgeber habe, sondern weil es rein biologisch so ist. Wenn du das für dich verstanden hast, mach dich auf die Suche und grabe nach diesen Kräften wie nach Gold, das verschüttet worden ist. Und jetzt lass uns gemeinsam deine Mission finden.

10. FINDE DEINE MISSION

Idee, Leidenschaft, Vision

Ich liebe das Wort Mission. Es klingt so zielstrebig und irgendwie unaufhaltsam, oder? Ich erinnere mich daran, dass viele Unternehmen früher eine Mission Page hatten, die darüber Auskunft gab, was sie bezwecken. Dabei ging es nicht nur um das übergeordnete Ziel, sondern auch um den Grund, warum ein Unternehmen überhaupt existiert. Wenn wir das auf unser Privatleben übertragen, stellt sich wahrscheinlich jeder mehr als einmal im Leben solche grundlegenden Fragen. Wohin führt mich mein Weg? Das hast du dich sicher auch schon gefragt, stimmt's?

Also, mal ganz ehrlich, ich habe mir diese Frage bestimmt schon 500-mal gestellt und wahrscheinlich ist das mehr als untertrieben. Kennst du den Spruch »Wer ein Ziel hat, findet einen Weg«? Ich finde solche Sprüche super, aber sie sind auch erstmal nicht mehr als das – Sprüche. Und wie oft fragen wir uns dann, was unser Ziel überhaupt ist? Und jetzt würde ich gerne mit dir gemeinsam deine Mission finden. Als ich 23 Jahre alt war und Marketing studiert habe, hat mich die Frage nach meinem Ziel sehr beschäftigt. Ich hatte früh den Wunsch, mir etwas Eigenes aufzubauen. Tagtäglich im Büro zu sitzen und für jemand anderes zu arbeiten, war nicht meine Mission. Ich träumte von Reichtum, schönen Frauen und einer Rolex am Handgelenk. Nicht das ich oberflächlich gewesen wäre, mein Ziel war klar. Und so habe ich nach einem Weg nach Ruhm und Reichtum gesucht. Glaub mir, wenn ich mir etwas

ONKEL SCHMUNZEL: Na gut, eher eine an jeder Hand.

in den Kopf setze, dann suche ich nach dem Weg dorthin. Es musste etwas her, mit dem man schnell Geld verdient und was sich skalieren lässt. Persönliche Präferenzen haben damals interessanterweise für mich keine Rolle gespielt. Und so habe ich mir mein erstes wirklich gut laufendes Geschäft aufgebaut. Du willst wissen womit? Nun gut, aber bitte nicht verraten:

Ich habe Horoskope verkauft – Felix der Horoskopprofi. Wer jetzt denkt, dass sei ein Witz, den muss ich enttäuschen. Ich habe eine aufwändige Analyse aller möglichen Ideen durchgeführt und ermittelt, wo die Konkurrenz nicht so groß ist und wo es wachsende Nachfrage gibt. Es gab nur ein winziges Problem: Ich hatte keine Ahnung von Horoskopen. Was macht der schlaue Student dann? Er kauft sich ein Buch.

Nachdem ich rund zehn Seiten gelesen hatte, fühlte ich mich wie der König der Astrologie und hätte dir alles verkaufen können. Leider gab es noch ein zweites Problem: Ich hatte keine Lust, eine Telefonhotline zu betreiben und den Leuten zu erzählen, wie sie den Partner fürs Leben finden. Das klingt für dich unfair? Natürlich war es das: Ich wollte schließlich eine Rolex und niemandem wirklich helfen.

Als ich spät abends in meiner kleinen Studentenbude am Rechner saß, kam mir eine Idee. Mondphasen, Sternzeichen, Aszendenten – all das lässt sich berechnen und die Interpretation ist Auslegungssache. Es muss doch eine Software geben, die das kann. Die habe ich dann gesucht und tatsächlich gefunden. Für umgerechnet 99 Euro kaufte ich mir eine Astrologiesoftware. Dort konnte man den Namen, das Geburtsdatum sowie Uhrzeit und Ort der Geburt eintragen – und schwupps bekam man einen 20-seitigen Bericht zur Person. Nachdem ich die Software installiert hatte, das erste Mal ausprobierte und den Bericht in der Hand hielt, standen mir Dollarzeichen in den Augen, das kannst du mir glauben.

Ich meine – mal ehrlich –, eine Minute Arbeit und ein Output, der sich sehen lassen kann. Das Beste kommt aber noch: Die Berichte waren super, voller toller Grafiken und der Inhalt passt meist auf jeden. Um das Ganze noch zu optimieren, besorgte ich mir kurzerhand ein Buchbindegerät, damit ich in meiner Studentenbude alle 20 Seiten zu einem schicken Buch binden konnte. Das sah toll aus. Gesamtinvestition für das gesamte Business: 250 Euro. Die Website habe ich kurzerhand mit einem Baukasten gebaut. Danach habe ich Flyer gedruckt und an alle Bekannten verteilt. Das, was niemand für möglich gehalten hätte, funktionierte.

> José James – Kissing My Love

Ich saß in einer Marketingvorlesung, als mein E-Mail-Postfach piepte: »Eine neue Bestellung in deinem Webshop.« Boom, ein unvorstellbarer Moment. Jemand, den ich nicht kannte, hatte gerade ein Horoskop bei mir bestellt. Ich bin direkt nach der Vorlesung nach Hause geeilt, denn Kunden lässt man nicht warten. Nach fünf Minuten war alles fertig und ich musste grinsen. Wer ist Warren Buffett? Hier kommt Felix Thönnessen, der Horoskopprofi. Ich sag dir deine Zukunft voraus, Baby.

Und so ging es jeden Tag. Ich saß mit meinem Tintenstrahldrucker auf dem Boden und druckte Horoskop für Horoskop. Irgendwann hatte ich die glorreiche Idee Partnerhoroskope für 44,90 Euro anzubieten. Das konnte die Software nämlich auch. Krebs passt zu Waage, Löwe zu Stier und Schütze zu gar nichts. Das neue Produkt bestellten noch mehr Leute, denn jeder möchte schließlich wissen, zu wem er oder sie passt, oder? Ich konnte genau diese Information liefern. »Du hast ein Problem?

FELIX:
Eins kostete übrigens 27,90 Euro.

ONKEL SCHMUNZEL: Abzocker.

FELIX: Entschuldige, meine halbe Familie ist Schütze. – Diss.

Das hat bestimmt mit deinen Sternen zu tun. Jetzt kannst du sie lesen mit Felix' Super-Horoskop.« Für einen Studenten habe ich Schotter gemacht und das mit minimalem Aufwand und grandioser Marge.

Nun, du wirst vielleicht wissen, dass ich nicht mehr im Horoskopbusiness bin. Aber warum, Felix? Du hattest den heiligen Gral gefunden, nach dem alle suchen. Wachsender Markt, großartige Marge, Alleinstellungsmerkmal, alles wovon ein Unternehmer träumt. Ich will dir sagen, warum: Nachdem ich seit Monaten immer mehr Geld verdiente und auf einer Welle des Erfolgs surfte, bekam ich eine Bestellung für ein Partnerhoroskop. Patricia hieß das Mädchen, das weiß ich noch. Wie immer war das Horoskop innerhalb von ein paar Minuten fertig und schon auf dem Weg. Zwei Wochen später erhielt ich eine Mail von Patricia, in der sie sich für das Horoskop bedankte. Fast hätte ich die Mail nicht zu Ende gelesen. Wieder eine zufriedene Kundin, dachte ich. Doch die Mail endete anders als vermutet. Sie bedankte sich für das Horoskop und teilte mir mit, es sei einer der Hauptgründe gewesen, sich von ihrem langjährigen Partner zu trennen.

Erst begriff ich nicht ganz und fragte mich, warum man sich aufgrund eines Horoskops trennt. Als ich mir durchlas, was in dem Horoskop stand, was ich sonst nie tat, konnte ich sie verstehen. Ihr Freund und sie passten laut Horoskop nicht wirklich zusammen. Zwei Minuten Arbeit und eine Software haben diese Beziehung beendet. Sicher gab es andere Probleme in der Beziehung, aber das Horoskop war ihr Todesstoß gewesen. Ich habe Patricias Mail bestimmt fünfmal gelesen, bevor ich das überhaupt begriffen habe. Es gibt zwischen Patricia und mir nämlich einen gravierenden Unterschied.

Menschen, die regelmäßig Horoskope lesen, sind wesentlich spiritueller, als ich es bin oder war. Sie nehmen sich die Dinge viel mehr zu Herzen und glauben fest daran. Ich aber hatte als Motiv vor Augen, Geld zu verdienen, und nicht das Wohl des Kunden. Es ging um mein Wohl und meine verdammte Rolex. Zwei Wochen später habe ich das ganze Business eingestampft. Nicht, weil ich so ein toller Kerl bin, sondern weil ich einen Fehler gemacht und keine Chance hatte, ihn wiedergutzumachen. Ich war unendlich sauer auf mich selbst, weil ich gedankenlos gewesen war.

Am Beispiel dieser kleinen Geschichte kann ich dir vieles über meine eigene Mission erzählen. Patricias Mail war nicht nur speziell, sondern ein Gamechanger für mein eigenes Leben. Ich hatte von einem auf den anderen Tag einen komplett anderen Blick auf die Dinge. Auf einmal sah ich so viel mehr, als hätte mir jemand eine Augenbinde abgenommen. Es ging nicht mehr um Felix, sondern um mehr. Glaub mir an dieser Stelle schon mal eins: Geld zu verdienen und Gutes zu tun schließt sich nicht aus. Du kannst viel Geld verdienen, sehr viel, und andere in ihren Träumen unterstützen. Der Begriff »Ellbogengesellschaft« ist in seiner Grundannahme unglaublich falsch. Wirklich erfolgreiche Menschen sind erfolgreich, weil sie nicht nur an ihre eigenen Träume glauben, sondern auch andere dabei unterstützen, ihre Träume zu verwirklichen. Aber jetzt zurück zu dem, was du aus dieser Geschichte lernen kannst. Und das ist hoffentlich mehr, als dass ich ein anständigeres Kerlchen geworden bin. Fangen wir mit meinem Investment an. Ich habe in den kompletten Aufbau des Geschäfts 250 Euro investiert. Natürlich waren das andere Zeiten, aber gerade für Menschen, die sich etwas eigenes aufbauen wollen, ist das Thema Geld oft ein Grund, es dann doch nicht zu tun. Aber glaub mir, auch mit wenig oder eben ganz ohne Geld, kannst du dir den Traum von einem eigenen Unternehmen verwirklichen. Ja, dein Weg wird definitiv steiniger, aber es ist nicht unmöglich. Natürlich kannst du keine Hotelkette aufbauen ohne einen Cent in der Tasche – wobei halt, natürlich kannst du auch eine Hotelkette ohne Geld aufbauen. Die Frage ist nur, wie du startest. Und das tust du in diesem Fall sicher nicht mit 100 Hotels, sondern eigentlich mit gar keinem Hotel. Aber vielleicht fängst du an, deine Wohnung über Airbnb zu vermieten. Die generierten Einnahmen investierst du als Anzahlung irgendwann in einen Kredit, mit dem du dein erstes kleines Hotel eröffnest.

ONKEL
SCHMUNZEL:
Ich möchte aber
keine fremden
Menschen in
meinem Bett,
Felix.

FELIX:
Ich glaube, du
hast regelmäßig
fremde »Leu-
te« im Bett.

Niemand hat gesagt, dass es einfach wird.

Oft fehlen Ideen und Lösungen. Probleme und Herausforderungen findet man schnell.

Zoe Wees – Control

Das zweite Learning betrifft meinen eigenen Start mit meiner Idee. Ich hatte keine Ahnung von Horoskopen, auch nicht davon, wie man etwas erfolgreich aufbaut. Aber dafür hatte ich etwas ganz anderes: Mut. Den Mut, sich von nichts und niemandem aufhalten zu lassen. Wie viele Leute mir damals gesagt haben, es sei peinlich, Horoskope zu verkaufen. Wie viele meiner Kommilitonen mich belächelt haben, als ich mit meinem Tintenstrahldrucker auf dem Boden saß. Astrologieprofessor haben sie mich genannt. Es waren dieselben Leute, die mich später gefragt haben, wie ich mir mein Auto oder meine Wohnung leisten kann.

Wir lassen uns so oft von unserem eigenen Weg abbringen, weil irgendjemand besser weiß, was gut für uns ist. Kennst du das? Oft sagt man dir, dein Umfeld sei für deinen Erfolg entscheidend. Aber im ersten Moment entscheidest allein du darüber, welchen Weg du gehen willst. Witzigerweise hatte ich heute einen Mentee im Büro, mit der ich ein Coachingkonzept für ihr Business entwickelt habe. Wir haben überlegt, was man eigentlich braucht, um seinen berühmten »eigenen Weg zu gehen«, und haben dann zwei Dinge ermittelt. Zum einen brauchst du Kraft, die Energie, diesen Weg zu gehen und vor allem auch loszugehen. Darüber hinaus musst du aber auch dein Ziel kennen, damit dein Weg dich auch dorthin führt. Wenn du dich also auf eine Mission begeben willst, solltest du dich fragen, ob du diese beiden Dinge hast.

FELIX:
Bedeutet: Mentoring-Kundin oder auch die männliche Form davon.

> Du brauchst ein inneres
> Kraftwerk, das du durch dich und
> deine Wünsche speist, und ein
> eigenes, nicht fremdbestimmtes
> Ziel, das du mit jedem Teil
> von dir erreichen willst.

Das klingt leichter als es ist. Nach so vielen Mentoring-Sessions kann ich dir sagen, dass es den meisten Menschen an einem der beiden Dinge fehlt. Ihr Kraftwerk ist nur ein Flämmchen oder sie kennen ihr Ziel nicht. Aber ganz ehrlich, das ist erst einmal gar nicht schlimm. Ich meine, wer kommt schon mit einem ganz konkreten Plan auf die Welt. Unsere Pläne ändern sich, unsere Vorstellungen verschieben sich, doch solange du dich auf deinem Weg befindest, ist alles gut.

Das dritte Learning aus meiner Horoskoperfahrung betrifft meine Geschäftsaufgabe. Ganz ehrlich, warum gibt der Typ ein laufendes Business auf? Vielleicht wäre ich heute eine Koryphäe der Astrologie, würde Karten legen und könnte dir für viel Geld die Zukunft voraussagen. Aber es kam anders. Ich bin Mentor und halte Vorträge, und das

ONKEL
SCHMUNZEL:
Wäre eigentlich lustig, wenn Babys wirklich mit einer Papierrolle auf die Welt kämen, auf der schon steht, was aus ihnen wird.

aus einem guten Grund. Ich habe für mich persönlich im Horoskop-Business weder Passion noch Antrieb gesehen, es war nur eine Geldmaschine. Nach meiner Erfahrung gibt es nur wenige Menschen, bei denen so etwas langfristig gut geht. Wenn die Leidenschaft für das eigene Tun fehlt, macht dich das auf Dauer nicht glücklich. Dabei spielt es keine Rolle, ob du angestellt, selbstständig oder Hausmann bist. Unternehmern helfe ich oft mit einem ganz einfachen Modell, das dir auch helfen kann, wenn du nach einem Weg für dich suchst. Ich habe es in eine ganz einfache Formel gepackt:

$$\text{Passion} + \text{Skill} = \text{Money}$$

So einfach diese Formel auch aussieht, sie funktioniert. Lass uns das gerne mal praktisch an deinem Beispiel durchgehen, entweder in Gedanken oder <u>auf einem Blatt Papier</u>. Welche Passion, welche Leidenschaften hast du? Was tust du wirklich gerne? Wofür kannst du dich begeistern? Das, was dabei herauskommt, ist der erste Teil unserer Formel: Passion.

FELIX:
Oder du kritzelst es mit dem Bleistift hier rein.

Welche Eigenschaften bringst du mit? Was kannst du wirklich gut? Welche Eigenschaften unterscheiden dich von anderen? Das sind deine Skills.
Im dritten Schritt bringst du diese <u>Dinge zusammen</u>. Aber stellen wir uns zunächst ein paar Beispiele vor: Wenn du für dich kochen als Leidenschaft definierst und gut Texte schreiben kannst, dann könnte sich für dich daraus als potenzielle Money-Variante ergeben, ein Kochbuch zu veröffentlichen oder einen Kochblog zu betreiben. Wenn du gerne Sport machst, oft draußen bist und Menschen begeistern kannst, könnte es zu dir passen, Gruppenfitness anzubieten. Denk dabei auch an deine persönlichen und nicht nur an deine beruflichen Skills. In der Variante Horoskopprofi gab es zwar die Passion

FELIX:
Mathematisch ist das mit dem Plus nicht ganz sauber, aber ich denke du verstehst, was ich meine.

»Geld«, aber die Fähigkeit »Astrologie« war bei mir eher gering bis gar nicht ausgeprägt. Wenn du dauerhaft Dinge tust, für die du immer wieder eine Menge Kraft und Energie brauchst, weil sie eben weder zu deinen Leidenschaften noch zu deinen Fähigkeiten zählen, wirst du dich selbst verbrennen. Und genau deswegen hilft dir eine Mission.

Ich finde es sehr hilfreich, sich Ziele zu setzen. Die entscheidende Frage ist jedoch, wie du das machst. Ich könnte mir jetzt als Ziel setzen, König von Deutschland zu werden – mit Krone, Zepter und Schloss. »Hey Felix, glaub an deine Träume und sie gehen in Erfüllung.« Das klingt toll, aber wir leben nicht in einer Monarchie. Natürlich könnte ich das System stürzen und mich selbst zum König ausrufen, aber würdest du da mitmachen?

ONKEL SCHMUNZEL: Wäre jetzt nicht mal soooo verkehrt. Der Onkel regelt das schon.

Deine Ziele sollten groß, aber auch realistisch sein. Ja, dieser Kompromiss ist eine Herausforderung und sicher nicht ganz einfach. Frage dich, ob ein bestimmtes Ziel mit all deiner Kraft realistisch erreichbar ist. Niemandem ist geholfen, wenn du an allen Zielen scheiterst. Mir hilft dabei ein kleiner Trick, der vielleicht etwas für dich ist. Ich setze mir kurzfristige, mittelfristige und langfristige Ziele. Das verbinde ich mit einem Zeithorizont und nenne es 10–10–10.

Die 10 steht für Ziele, die ich in zehn Tagen, in zehn Monaten und zehn Jahren erreichen will. Probier es doch mal aus. Du kannst es auch andersherum angehen. Dann listest du deine Ziele ohne Zeithorizont auf und fragst dich anschließend, was du realistischerweise in zehn Tagen, zehn Monaten und zehn Jahren erreichen kannst. Natürlich kannst du auch 7–7–7 draus machen, wenn du lieber in Wochen denkst.

Ich gehe dann noch weiter und visualisiere meine mittel- und langfristigen Ziele. Das mache ich mit einer kleinen Zeichnung oder auch mit einem Visionboard. Darauf klebst du ein paar Bilder oder Dinge, die du aus der aktuellen *Bravo* oder dem *Yps-Heft* ausschneidest. Das Interessante daran: Dies ist bereits der erste Schritt und du bist ganz nebenbei in die Umsetzung gekommen.

Eine weitere schöne Frage in diesem Zusammenhang ist:

ONKEL SCHMUNZEL: Wie ich das vermisse. Tarnumhang, Uhrzeitkrebse, Wahnsinn.

> Was bekommst du wohl,
> wenn du nichts erwartest?

Was denkst du, ist die Antwort darauf? Richtig, nichts. Wenn ich von anderen, vom Leben und auch von mir selbst nichts einfordere, bekomme ich am Ende des Tages auch nicht viel. Bei jedem Ziel solltest du dich natürlich fragen, ob es auch wirklich dein Ziel ist oder das von jemand anderem. Sind es deine Wünsche, ist es dein Weg, steht am Ende des Wegs dein Traumschloss?

Ich habe noch ein anderes Bild, das mir sehr hilft. Ich nenne es den Weg des Polarsterns. Der Polarstern ist der hellste Stern am Himmel, an dem du dich immer orientieren kannst. Der Stern weist dir den Weg und zeigt dir, wo es langgeht. In der Wüste verschollen, findest du so den Weg zum Wasser. Was ist dein Polarstern, was ist der helle Punkt am Himmel, dem du folgst? Ohne einen Polarstern irrst du umher und weißt nicht, wo es langgeht. Du bist wie ein Schiff ohne Steuerrad und ohne Kompass.

Aber das Wichtigste bei deiner Mission ist nicht der Stern am Himmel, dem du folgst, sondern etwas, das gleich am Anfang liegt: der Start. Du wirst definitiv nicht ankommen, wenn du niemals startest. Die meisten Menschen erreichen nach meiner bescheidenen Meinung ihre Ziele vor allem deshalb nicht, weil sie nie gestartet sind. Sie haben nie den ersten Schritt gemacht. Du musst dich gleich zu Beginn fragen, ob du jemals losgehst.

Träumer träumen, Macher
verwirklichen Träume.

Bist du ein Träumer oder ein Macher? So oft warten wir auf einen Startschuss. Auf jemanden, der mit einer Pistole neben uns steht, in die Luft schießt und »los« schreit. Leider gibt es diese Person nicht. Halt, das stimmt nicht ganz. Da hat doch jemand diese Pistole in der Hand: du selbst. Du hältst sie fest in der Hand und entscheidest, ob du die Kraft hast, den Arm zu heben und den Abzug zu drücken. Bist du bereit, dir selbst den Startschuss zu geben? Worauf solltest du warten? Was hält dich davon ab? Oft sind es Ängste, fehlender Mut oder falsche Erfahrungen, aber es gibt keinen Grund, der dich ein Leben lang blockiert.

Auch ich habe längst nicht alle meine Träume verwirklichen können, auch wenn ich hoffentlich noch ein wenig Zeit habe. Viele Chancen habe ich vorbeiziehen lassen, hatte Angst vor einer falschen Entscheidung oder habe mich einfach nicht getraut, meinen Weg zu gehen. Dass etwas falsch läuft, wirst du nie verhindern können. Aber es kommen neue Chancen, neue Möglichkeiten, deinen Traum zu verwirklichen. Wichtig ist, daraus zu lernen. Beim nächsten Mal ist die Situation nicht neu und du weißt besser, wie du handelst.

Ich erinnere mich an meinen ersten Kuss. Ich war mit einem Date in meinem Kinderzimmer und sie bat mich, sie zu küssen. Verschämt schaute ich auf den Boden und bekam schlotternde Knie. Sie starrte mich fordernd an und nach gefühlt zehn Minuten ging ich zu ihr und gab ihr einen Kuss auf die Wange. Doch das reichte ihr nicht. Sie sagte: »Felix, auf den Mund«. Ein weiteres Mal bewegte ich mich zu ihr und gab das erste Mal im Leben einem Mädchen einen richtigen Kuss. Ohne ihre Forderung, ohne ihren Antrieb, hätte ich mich nicht getraut. Natürlich wollte ich sie auch küssen, aber ich brauchte <u>einen kleinen Schubs</u>.

> Umgib dich mit Menschen, die
> dich fördern und unterstützen,
> aber auch fordern, denn nur so
> entwickelst du dich weiter.

Wenn du diese Menschen nicht in deinem Leben hast, dann such sie dir. Genau wie am Start wirst du während deiner Mission immer wieder Entscheidungen treffen müssen. Wenn du das nicht tust, kommst du nicht weiter – so viel sei schon gesagt. Dein Umfeld und die Menschen, mit denen du tagtäglich zu tun hast, haben einen extremen Einfluss auf dich und all dein Handeln. Kennst du den Spruch, dass du der Durchschnitt der 5 Menschen bist, die dich umgeben? Da ist viel Wahres dran. Suche dir Menschen die dich fördern, die dich unterstützen, aber dir eben auch sagen, wenn du einmal falsch liegst. Hast du so ein Umfeld?

11. EINE HANDVOLL ENTSCHEIDUNGEN

Entscheidungen, Chancen, Risiken

Das erste Mal, als ich mich mit dem Thema beschäftigt und darüber nachgedacht habe, ein Buch zu schreiben, musste ich schmunzeln: »Felix, der Autor«, klingt doch cool, habe ich mir damals gedacht, aber es war alles noch so weit weg. Damals – vor acht Jahren – das fühlt sich an, als wäre es eine Ewigkeit her. Wie geht man vor, wenn man als Autor berühmt werden will? Na ja, du brauchst ein Thema, für das du brennst und von dem du Ahnung hast, und dann wirst du halt berühmt. Soweit zumindest mein Plan. Ein Verlag wäre noch toll, aber davon gibt es schließlich genug.

Zurück zum Anfang. Was hat mich dazu bewogen, die Vorstellung, Autor zu werden, in die Tat umzusetzen und wirklich mit dem Schreiben zu beginnen? Seien wir ehrlich, ein Buch zu schreiben dauert mehr als zwei Tage. Es ist höllisch viel Arbeit und wenn es am Ende keiner kauft, hast du für die Tonne geschrieben. Natürlich kannst du dich Autor nennen – Autor eines Buchs, das niemand außer deine Tante gelesen hat. Das war nicht mein Ziel. Warum also habe ich trotz der Arbeit und des ungewissen Ergebnisses überhaupt begonnen?

Ich kann mich noch gut an den ersten Tag erinnern. Ich war aufgeregt, aber auch berauscht. Vor acht Jahren hatte ich schon ein gut laufendes Business und wenig Lust, in meiner Freizeit über Businessthemen zu schreiben. Vielmehr wollte ich Lebenserfahrungen teilen und mich selbst ein bisschen therapieren. Ich glaube, jeder der einmal Tagebuch

ONKEL SCHMUNZEL: Gut, dass du heute nicht mehr so springst. Ironie Ende.

geschrieben hat, kann sich das gut vorstellen. So saß ich da und schrieb einfach drauflos. Ein übergeordnetes Thema hatte ich nicht. Ich habe über Dinge geschrieben, die mir in den Sinn gekommen sind. Weil – und das sage ich voller Stolz – Schreiben etwas Wundervolles ist und ich mich selber bei keiner Tätigkeit so wiederfinde, als wenn ich auf die kleinen Tasten vor mir drücke.

Schreiben ist meine Leidenschaft und hoffentlich etwas, das ich gut kann: eine Skill. Aber das reicht trotz unserer Formel (Passion + Skill = Money) leider nicht. Du brauchst Mut, den Mut, den ersten Schritt zu tun. Sonst helfen dir weder Leidenschaft noch Skill weiter. Und genau darüber möchte ich mit dir sprechen, weil wir diesen Mut viel zu selten haben. Oft gibt es etwas, das dich zurückhält, dich abschreckt, und schon ist die Situation vorbei und du hast vielleicht eine große Chance vorbeiziehen lassen.

Was macht diesen Mut aus? Den Mut für den ersten Schritt? Was passiert mit uns, wenn wir mutig sind und was, wenn wir es eben nicht sind? Als ich die Entscheidung getroffen habe, ein Buch zu schreiben, obwohl ich vom Bücherschreiben keine Ahnung hatte, war das ein besonderer Moment. Er war nicht lange im Voraus geplant, schon gar nicht ein ganzes Leben, sondern es war ein Moment, der mich selbst zum Schmunzeln brachte. Ich saß wie jetzt an meinem Laptop und habe darüber nachgedacht, wie es sich anfühlen würde, ein selbst geschriebenes Buch in den Händen zu halten.

Lewis Capaldi – Someone you loved

Es war ein kleiner Gedanke, aber ein wunderschöner. Ich konnte mir förmlich vorstellen, wie es wäre, das Buch in der Buchhaltung voller Stolz aus dem Regal zu nehmen. Ich konnte das Papier zwischen meinen Fingern fühlen. In diesem einen Moment, in dem ich mir das vorstellte, waren alle Einwände verschwunden. Es war mir egal, ob jemals jemand das Buch lesen würde. Es war mein Buch und wenn es außer mir nie jemand lesen würde, dann wäre das eben so, denn das Buch war bereits ein Teil von mir geworden. Durch die konkrete Vorstellung, das Manifestieren, war es greifbar und nicht mehr abstrakt. Ich konnte keine Sekunde mehr warten, meinen Plan in die Tat umzusetzen, und begann sofort zu schreiben. Ohne Plan, ohne roten Faden oder eine Strategie, worüber ich überhaupt schreiben will. Wie ein Junge, der einfach rennen will, oder ein Mädchen, das herzhaft lacht und nicht mehr aufhören kann. Ich fühlte mich unbesiegbar und mit den ersten paar Worten war mir klar: Ich bin jetzt Autor.

Das bist du nämlich nicht erst, wenn du ein Buch veröffentlicht hast, sondern schon, wenn du mit dem Schreiben beginnst. Wenn du nur eine Sache aus diesem Buch mitnimmst, dann lass es diese sein: Das Schreiben – egal worüber – ist etwas, was dir niemand nehmen kann, das dir Zeit mit dir selbst und all deinen Gedanken schenkt. Kommt es nicht darauf letztendlich an? Dafür brauchst du nur eine Entscheidung: dich auf den Weg zu machen. Zu oft grübeln wir, wägen Gutes und Schlechtes gegeneinander ab und fangen am Ende nie an, unseren Weg zu gehen.

> Das ganze Leben besteht aus Entscheidungen. Es ist deine Aufgabe, die Entscheidungen für dein Leben zu treffen.

Sei mutig und bereit, diesen ersten Schritt zu machen. Nur dadurch entstehen die schönsten Momente und herrlichsten Situationen in deinem

Leben. Und, weil genau dieser Mut so wichtig ist, will ich dir später noch mehr dazu erzählen. Ich verstehe es, wenn du vor Entscheidungen stehst, vor denen du dich drückst oder nicht weißt, wofür du dich entscheiden sollst. Ich möchte dir eine mächtige Frage mit auf den Weg geben, die mein persönliches Lebensmotto ist:

> ## Was kann im schlimmsten Fall passieren?

Keine Frage hat mich so sehr im Leben beeinflusst. Nicht die Antwort, sondern eine Frage liefert die Antwort auf deine wichtigsten Fragen – ein wenig verrückt, oder? Wenn wir vor Entscheidungen stehen, fehlt uns oft der Mut, weil wir Angst vor dem haben, was nach der Entscheidung passiert. Das kennst du sicher, oder? Wie oft stellen wir uns die fürchterlichsten Dinge vor und finden so eine Berechtigung dafür, eine Entscheidung nicht zu treffen oder einen Weg nicht zu gehen. Aber führ dir einmal genauer vor Augen, was im schlimmsten Fall passieren könnte. Wirst du nach der Entscheidung oder dem ersten Schritt deine Freunde noch haben? Wirst du noch ein Dach über dem Kopf und genug zu essen haben? Wenn du das mit Ja beantworten kannst, wie schlimm ist dann das, was passieren kann, wirklich? Wenn das Schlimmste, was passieren kann, bei realistischer Betrachtung nicht droht, kann es doch auch nicht <u>so schlimm sein, deine Entscheidung zu treffen und in die Tat umzusetzen.</u>

FELIX:
Der Satz reimt
sich übrigens.

Ich stelle mir einen Endgegner vor, der mich in einem Computerspiel erwartet oder einen übermächtigen Gegner beim Fußball. Je stärker er in meiner Fantasie ist, umso schwerer fällt mir die Entscheidung, umso mehr verlässt mich mein Mut. Das, was uns im Weg steht, wird größer und größer und wir selbst kleiner und kleiner. Wem würde da nicht der Mut fehlen? Aber du entscheidest selbst darüber, wie groß sich das Risiko anfühlt, denn »fühlen« kommt von Gefühl und genau das ist es. Ich erinnere mich an einen Moment bei einem Fußballturnier. Ich musste beim Elfmeterschießen als letzter Schütze meiner Mannschaft antreten. Was hatte ich für eine Angst! Ja, richtige Angst, ich war vielleicht 15 Jahre alt und alles andere als selbstbewusst. Gegenüber im Hallentor stand ein Supertorwart, der schon einige Bälle gehalten hatte, und Elfmeterschießen war nicht meine Paradedisziplin. Ich erinnere mich an zwei Mannschaftskollegen, die mich mit großen Augen anschauten und erwartungsvoll auf meinen Elfmeter warteten. Puh, mir wurde von einer Sekunde auf die andere schlecht. Am liebsten hätte ich einen Fußbruch vorgetäuscht. Das gesamte Publikum, jeder in der Halle starrte auf mich. Ich ging langsam nach vorne und legte mir den Ball zurecht. In diesem Moment habe ich nicht mehr ans Versagen gedacht. Mir kam ein anderer Gedanke: Was wäre, wenn ich diesen Ball nun versenken würde und dann alle auf mich zugesprintet kamen, um mich zu feiern? Wäre das nicht ein tolles Gefühl? Und während ich so dastand, schaute ich zur Seite und sah einen Mannschaftskollegen, der seinen Elfmeter verschossen hatte und mich mit leuchtenden Augen anschaute. Mit einer tiefgehenden Gewissheit, dass nichts mehr schiefgehen könne. Ich kriege Gänsehaut, wenn ich mich daran erinnere. Ich legte mir den Ball zurecht, nahm Anlauf und versenkte – mit einer Wucht, die mich selbst überraschte. Alle kamen auf mich zugelaufen und wir feierten unseren Sieg, zu dem ich etwas hatte beitragen dürfen. Schon als ich loslief, fühlte sich alles so leicht an, so richtig. Nachdem ich die Entscheidung getroffen hatte, den Elfmeter zu schießen, stand für mich fest, dass ich ihn schießen

FELIX:
Die Tore sind
wesentlich klei-
ner – deswegen
schwer, du ver-
stehst.

würde. Natürlich kann dir niemand versprechen, dass etwas wirklich klappt. Aber:

> Das Manifestieren eigener Wünsche und Träume und der unbändige Wille, das Ziel zu erreichen, ist ein machtvolles Werkzeug.

Ich habe dir gerade eine zweite, wichtige Frage unauffällig untergejubelt. Sie ergänzt meine erste und rückt das Ganze in ein positives Licht.

Was, wäre wenn …

FELIX:
Trotz meiner Frage von oben. Die macht dir vor allem klar zu sehen, wie klein das Schlimmste ist.

Denk nicht so oft darüber nach, was alles Schlechtes passieren kann, sondern stell dir vor, was im besten Fall passieren kann und ob es sich dann für dich lohnt, dich auf den Weg zu machen. Mutig ist der, der den ersten Schritt macht und nicht der, der davon redet, ihn zu tun. Über den ersten Schritt zu deinem eigenen Glück, zu deinem eigenen Unternehmen, deinem Partner fürs Leben entscheidest du. Im Podcast wird mir immer wieder die Frage gestellt: »Was würdest du deinem jüngeren Ich raten?« Meine Antwort ist seit vielen Jahren immer die gleiche: »Geh mehr Risiken ein.« Wie viele Situationen und Chancen habe ich im Leben nicht genutzt, weil mir der Mut dazu gefehlt hat. Wenn ich dir einen Rat geben darf: Wage dieses Risiko. Beachte: Es gibt einen Unterschied zwischen risikoreich und mit Risiko zu spielen (play risk). Risikoreich zu sein bedeutet für mich, mutig eine Entscheidung zu treffen, auch ohne zu wissen, wie die Sache ausgeht. Auf Risiko zu spielen ist hingegen wie Roulette. Es erfordert keinen Mut, sondern ist dumm.

FELIX:
Be risky – klingt irgendwie cooler

FELIX:
Sorry für die harten Worte.

ONKEL SCHMUNZEL:
Entschuldige dich nicht immer.

Richard Marx – Right here waiting

Wie oft warten wir zu lange, bis der Chancenzug bereits vorbeigefahren ist. Erinnerst du dich an solche Momente? Du hättest mutiger sein sollen, hast aber keine Entscheidung getroffen oder den entscheidenden Schritt nicht gemacht? Ob im Berufs- oder im Privatleben spielt keine Rolle. Wenn du dir meine Anfänge anschaust, als ich mich mit Mitte zwanzig selbstständig gemacht habe, mit Schulden aus dem Studium und ohne richtigen Plan, sagst du wahrscheinlich, dass ich viel Glück hatte, dort anzukommen, wo ich heute stehe. Klar hatte ich Glück und auch du wirst Glück haben, aber auf Glück allein kann sich niemand dauerhaft verlassen. Vielmehr solltest du für dein Glück arbeiten und mutig deine Entscheidungen treffen.

Tu mir dabei einen Gefallen: Wenn du eine Entscheidung getroffen hast und später merkst, dass sie falsch war, dann verurteile dich nicht dafür. Denn das tun wir leider viel zu oft. Wenn du alles für dein Ziel gegeben hast und vorher ungewiss war, wie deine Entscheidung sich auswirkt, dann trifft dich keine Schuld. Wenn du Erfolge – welcher Art auch immer – feiern kannst, dann sei stolz auf dich. Wir verurteilen uns zu oft für falsche Entscheidungen und feiern die richtigen viel zu wenig. Damit potenzierst du negative Erlebnisse und reduzierst die positiven. Genau das Gegenteil sollte jedoch der Fall sein, oder?

> Gerade falsche Entscheidungen machen dich zu dem Menschen, der du heute bist. Wenn du es richtig angehst, lernst du aus falschen Entscheidungen mehr als aus richtigen.

Ich habe ein schönes Beispiel für dich: Ich erinnere mich an einen motivierten Gründer, den ich vor ein paar Jahren auf einer Veranstaltung kennengelernt habe. Ein super Typ mit einer echt interessanten Idee. Er bot mir an, mich an seiner Idee zu beteiligen und war gerade dabei, seinen Job zu kündigen und mit seinem neuen Vorhaben zu starten. In dieser Phase jagte bei mir ein Vortrag den nächsten und ich hatte keine Zeit. Wir blieben in Kontakt, aber mehr als ein wenig Austausch und ein paar Tipps war von meiner Seite aus nicht passiert. Einige Zeit später stolperte ich über sein Profil bei LinkedIn und las einen Beitrag über seine Idee. Sein Team war zu einem der Top-Start-ups Deutschlands ausgezeichnet worden und befand sich auf rasantem Wachstumskurs. In dem Moment habe ich mich für ihn gefreut, mich aber auch sehr geärgert, dass ich das Potenzial nicht gleich gesehen habe.

Eine andere Gründererfahrung geht genau in die andere Richtung. Ein ehemaliger Student kam auf mich zu und erzählte mir von seiner Geschäftsidee, die sehr spannend klang. Ich war gleich Feuer und Flamme und beteiligte mich finanziell an der Idee. Noch im selben Jahr musste er Insolvenz anmelden und mein Geld war weg – sicher eines der schlechtesten Investments meines Lebens.

Beide Geschichten habe ich ein wenig gerafft, aber die Kernaussagen verändert das nicht. Was kannst du oder was konnte ich daraus lernen? Bei der ersten Geschichte war ich operativ in so viele Dinge eingebunden, dass mir schlichtweg die Zeit fehlte, mich intensiver mit der Idee auseinanderzusetzen und ihr Potenzial zu erkennen. Aber das wäre auch nur die halbe Miete gewesen. Die Sache hätte auch scheitern können. Und dann hätte ich mich im Nachhinein über meine Beteiligung geärgert.

Im zweiten Fall war ich impulsiv und traf eine Herzensentscheidung, ohne mir alles ganz genau anzuschauen. Das war ein Fehler. Die Idee hätte aber auch funktionieren können und dann wäre ich heute um eine wertvolle Beteiligung reicher.

Was will ich dir damit sagen? Es ist leicht, seine eigenen Entscheidungen im Nachhinein zu kommentieren und zu bewerten. Aus heutiger Sicht weißt du genau, was zwischen der damaligen Entscheidung und dem heutigen Stand der Dinge passiert ist und kannst entsprechend klare Aussagen treffen. Diese Gewissheit hast du zum Zeitpunkt deiner Entscheidung aber nicht. Du triffst deine Entscheidungen, ohne alle Auswirkungen zu kennen. Das Einzige, was du tun kannst, ist, dir die Zeit zu nehmen und für dich selbst abzuwägen, ohne jemals wissen zu können, wie sich der weitere Verlauf gestalten wird.

Oft ist es auch so, dass sich die getroffene Entscheidung kurz als richtig oder falsch darstellt und sich das langfristig nochmal ändert. Als ich mich gegen eine Beteiligung entschieden habe, fühlte es sich richtig an, auch weil ich mehr Zeit für mein eigenes Business hatte. Erst später habe ich gemerkt, dass eine andere Entscheidung besser gewesen wäre. Aber, ist das wirklich so? Ich hätte definitiv weniger Zeit gehabt und mein eigenes Unternehmen wäre wahrscheinlich weniger schnell gewachsen. Mhm, also vielleicht war die Entscheidung gar nicht falsch?

FELIX:
Ich beginne bewusst ähnlich wie zwei Absätze zuvor.

ONKEL SCHMUNZEL:
So kann man den fehlenden Autorenkurs auch begründen.

Was will ich dir also sagen? Du kannst noch so viel grübeln, alle Auswirkungen wirst du nie kennen. Was du wirklich tun solltest, ist etwas anderes:

Triff Entscheidungen!

Wenn es die falschen oder deiner Meinung nach nicht richtigen waren, dann steh zu dieser Entscheidung. Zu oft können wir uns nicht entscheiden und gewinnen damit am Ende nichts, weder das, was wir erreichen wollten, noch die so wichtige Erfahrung, etwas gelernt zu haben. »Jede falsche Entscheidung ist eine Erfahrung mehr«, lautet ein typischer Spruch, aber er stimmt. Ohne meine Erfahrungen hätte ich eine Menge schlechter Entscheidungen mehr getroffen und glaub mir, ich habe mich oft falsch entschieden. Aber ich verurteile mich nicht selbst dafür. Wenn du eine Entscheidung nach bestem Wissen und Gewissen getroffen hast, dann gehst du genau den richtigen Weg. Ob deine Entscheidung richtig oder falsch war, steht auf einem anderen Blatt.

Übrigens noch ein Supertipp:

FELIX:
Der liebste Aus-
druck jedes
Anwalts.

> Wenn du anfängst, Entscheidungen
> zu treffen, lernst du,
> Entscheidungen zu treffen.

Klingt fast ein bisschen wirr. Aber stell dir einen Fußballer vor, der immer und immer wieder Elfmeterschießen trainiert. Irgendwann läuft er wesentlich selbstbewusster und zielgerichteter an, weil er von der Erfahrung der vielen Schüsse profitiert. Genauso wird es dir mit Entscheidungen gehen. Sobald du beginnst, sie zu treffen, fällt dir genau das bald wesentlich leichter.

Neben deinen Fehlentscheidungen wirst du einige weitere deiner Entscheidungen mit fortschreitender Zeit in Frage stellen. Du weißt noch nicht, ob eine Entscheidung richtig war, aber eben auch nicht, ob sie falsch war. Wir neigen dazu, unsere Entscheidungen im Verlauf der Zeit in Frage zu stellen und statt die eigene Entscheidung voller Energie weiter zu forcieren, beginnen wir zu grübeln, ob wir nicht doch nochmal zwei Schritte zurückgehen sollten. Das bringt dich aber nicht weiter, sondern lässt dich nur an deinen eigenen Entscheidungen zweifeln. Welche Entscheidungen stehen für dich an, welche Entscheidungen trägst du mit dir herum? Schnapp dir den Bleistift und schreib deine Antworten quer über die Seite.

Ich will dir aber noch ein paar Tools mitgeben, die ich einsetze, wenn ich Entscheidungen treffe.

12. DIE ENTSCHEIDUNG DEINES LEBENS

Vorankommen, Bewusstsein, Lebensentscheidung

George Michael – Freedom

20 000 Entscheidungen – was für eine unglaubliche Zahl. Laut wissenschaftlicher Schätzungen treffen wir 20 000 Entscheidungen an einem einzigen Tag. Das macht 584 Millionen Entscheidungen im Leben. Wahnsinn, oder? Ich hätte nicht gedacht, dass es so viele sind.

Wie viele deiner 20 000 Entscheidungen gestern waren falsch? Denk mal kurz darüber nach. Waren es die meisten, viele, ein paar oder vielleicht sogar gar keine? Ich glaube, ohne dem Ganzen vorzugreifen, die meisten Entscheidungen, die wir treffen, sind richtig. Das ist doch ein ausgezeichneter Zustand. <u>Wahrscheinlich bekommen wir dafür jeden Tag eine Eins und einen Sonnenstempel in unser Schulheft.</u> Die Vorstellung, dass weit mehr als die meisten Entscheidungen richtig sind, ist toll, oder? Wie oft nagen wir wochenlang an einer falschen Entscheidung und vergessen dabei, wie oft wir richtig gehandelt haben. In der Schule hast du auch nicht nur Einsen geschrieben. Also warum sollte das im wahren Leben anders sein?

Millionen Entscheidungen begleiten unser Leben, machen uns zu dem, was wir sind, und entscheiden, wo wir am Ende des Lebens stehen. Entscheidungen sind die Essenz aus allem Tun, ohne sie würden wir nicht leben. Das klingt banal, aber es ist mir wich-

FELIX:
Wenn die Lehrerin gut drauf war, hat sie noch »Toll Felix« dazugeschrieben.

ONKEL SCHMUNZEL: Meistens jedoch: »Das war leider wieder nichts«.

tig, dir die Relevanz deiner Entscheidungsfindung zu verdeutlichen.

> Wenn du keine Entscheidungen
> triffst, kommst du im Leben
> nicht weiter. Du lebst allein
> und wirst nicht glücklich.

<u>Mach dir das bewusst!</u>
Neben der Anzahl der Entscheidungen und der Bedeutung, Entscheidungen zu treffen, gibt es noch eine dritte Dimension – die des Entscheidungsträgers. Wer trifft Entscheidungen für dich? Wer entscheidet zwischen A und B? Richtig, das bist du. Diese Vorstellung ist großartig. Wir treffen unsere Entscheidungen selbstständig – niemand anderes tut das für uns. Wir dürfen selber entscheiden, was richtig oder falsch ist, und zwar sowohl bei großen als auch bei kleinen Entscheidungen. Na gut, als Kind hast du nicht immer diese Entscheidungsgewalt. Aber in den meisten Fällen entscheiden deine Entscheidungspaten in deinem Interesse. Auch wenn ich als Kind sicher keine Lust auf Gemüse hatte.

Diese drei Betrachtungsweisen sollten uns sehr positiv stimmen. Aber vielleicht entgegnest du jetzt, dass es dir dennoch oft schwerfällt, Entscheidungen zu treffen. Damit bist du leider allein auf der Welt. Alle anderen Menschen wissen immer, was wann zu tun ist. <u>Der oder die Einzige, die das nicht weiß, bist du.</u> Das ist natürlich totaler Quatsch. Jeder Mensch hat Situationen, in denen er nicht weiß, wie er sich entscheiden soll. Genau hier hilft dir dein kleiner Mentor jetzt.

Vielleicht fragst du dich, warum du dich überhaupt entscheiden solltest. Nun, Entscheidungen kosten vor allem eins: Zeit. Und in der Regel kannst du diese Zeit besser einsetzen, als nur über etwas

ONKEL SCHMUNZEL: Du erzeugst wieder mal viel Druck.

ONKEL SCHMUNZEL: Sorry for not being sorry. (Mega international.)

nachzugrübeln. Das bedeutet nicht, dass du dir für Entscheidungen keine Zeit lassen solltest, sondern dass du keine unnötige Zeit aufzuwenden brauchst. Es gibt Entscheidungen, die nicht einfach sind, weil es unterschiedliche Perspektiven gibt. Solche Entscheidungen haben eine kurzfristige und eine andersgeartete, langfristige Komponente. Wie kann das sein? Ein Beispiel. Dein kleiner Sohn quengelt seit zwei Stunden, weil er Schokolade will. Am selben Tag hat er aber schon ein Eis, eine Pizza und zwei Dönertaschen gegessen. Gibst du ihm jetzt noch Schokolade? Kurzfristig beendet die Schokolade das Quengeln, aber langfristig wäre es für ihn bestimmt ein Zeichen, dass er immer alles bekommt, was er will. Kurzfristig positive Implikation, langfristig negative. Hier musst du also gut abwägen. Ist dir der kurzfristige Nutzen wichtiger als die langfristige Auswirkung? Und denke bitte nicht, dass kurzfristig immer schlechter ist als langfristig – das ist ein Irrglaube.

Aber warum fällt es uns so schwer, Entscheidungen zu treffen? Nun, wir wissen oft nicht, was nach der Entscheidung passiert. Der Vorhang öffnet sich erst danach. Das trifft natürlich nicht auf alle 20 000 Entscheidungen deines Tages zu. Die meisten haben keine großen Auswirkungen. Ob ich nun heute Mittag Spaghetti Bolognese oder Spaghetti Carbonara esse, wird deinen Tag nicht beeinflussen. Sehr wohl aber, ob du dauerhaft mittags Salat oder Nudeln ist. Also spielt auch die Summe aller Entscheidungen eine Rolle. Aber wir wollen es nicht unnötig kompliziert machen.

Ungewissheit macht uns Sorgen und Angst. Das Unerwartete, Unbekannte ist wie Nebel am Morgen, also nicht greifbar. Aber es gibt Tricks, damit umzugehen, zu denen wir jetzt kommen. Ich liste dir nun acht Möglichkeiten auf, die dir helfen, besser Entscheidungen zu treffen:

Werde zum Adler

Es hilft ungemein, aus der eigenen Frosch-perspektive in die eines Adlers zu wechseln. Wenn du etwas von oben betrachtest, erkennst du Dinge, die du sonst nicht sehen kannst. Dies ermöglicht dir, den Gesamtzusammenhang einer Entscheidung besser abzuwägen. Zu oft treffen wir Entscheidungen impulsiv und ohne jegliche rationale Intelligenz und bereuen sie im Nachhinein. Lass den Adler kreisen und Zusammenhänge erkennen. Dann triffst du garantiert bessere Entscheidungen.

Stürz den König

Bevor wir Entscheidungen treffen, analysieren wir die jeweilige Situation oft sehr lange. Wir überlegen uns, was alles passieren könnte, haben darüber aber nie Gewissheit. Wir werden zum König der Analyse, aber dieses Überanalysieren bringt uns meist nicht zum Ziel. In welches der 15 Restaurants gehen wir denn nun? Die Entscheidung fühlt sich immer schwerer an und wir überbewerten ihre Relevanz für unser Leben. Nimm dir Zeit für eine Entscheidung, aber sei auch bereit, an einem bestimmten Punkt A oder B zu sagen.

Der Deadline-Trick

Damit du nicht ewig lange mit einer Entscheidung schwanger gehst, sondern auch irgendwann zur Geburt kommst, hilft mir der Deadline-Trick sehr. Ich gebe mir eine Zeit vor. Bis dahin muss ich mich entschieden haben. Ja, das erzeugt ein wenig Druck. Aber das ist auch der Sinn der Sache. So zwingst du dich selbst, bis dahin alles abzuwägen und deine Entscheidungen nicht immer weiter hinauszuschieben. Wie lang du dir Zeit gibst, bestimmst du mit der Wahl deiner Deadline selbst und dosierst damit auch den Druck.

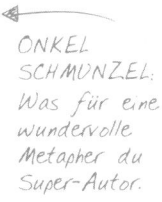

ONKEL SCHMUNZEL: Was für eine wundervolle Metapher du Super-Autor.

5–5–5

Das klingt mathematischer, als es eigentlich ist. Du stellst dir die Frage, welche Auswirkung deine Entscheidung in fünf Tagen, in fünf Monaten und in fünf Jahren hat. Das hilft gleich doppelt. Warum? Weil du erkennst, in welchem Zeithorizont diese Entscheidung welche Auswirkung mit sich bringt und ob es sich überhaupt um eine Entscheidung mit langfristiger Auswirkung handelt. Vielleicht verliert die Entscheidung so auch an Relevanz, und du kannst sie einfacher treffen.

Schnibbel die Schnapp

Du kannst es auch Salami-Taktik nennen. Du schaust dir die Entscheidung an und überlegst, ob du sie in kleinere Entscheidungen aufteilen kannst. Wenn du nicht weißt, ob du Doris heiraten sollst, kannst du dir überlegen, ob du Lust hättest, ihr einen Ring zu kaufen oder ihr einen Antrag zu machen. So helfen dir viele kleine Entscheidungen am Ende, eine große Entscheidung zu treffen.

Fokus – Störquellen eliminieren

Wenn zehn nackte Frisöre um mich herumlaufen, könnte ich sicher keine Entscheidung treffen. Das dürfte jedem klar sein, aber dennoch vergessen wir oft, uns ein Umfeld für Entscheidungen zu schaffen. Zwischen Tür und Angel sind noch nie gute Entscheidungen getroffen worden. Nimm dir nicht nur die nötige Zeit, sondern effektive Zeit <u>für die Entscheidung</u>.

Wechsle den Standpunkt

Diese Taktik wende ich sehr häufig an. Ich wechsle in andere Rollen. Dazu stelle ich mir vor, ich wäre mein eigener Berater. »Was würdest du dir selber raten?«, ist eine sehr hilfreiche Frage. Wir sind tolle Berater für andere Menschen in unserem Leben, warum also nicht für uns selber? Das schafft gleichzeitig ein wenig Distanz und du bekommst das Gefühl, dass du die Entscheidung gar nicht mehr alleine treffen musst.

Such dir einen Mentor

Ja, es ist deine Entscheidung, aber das bedeutet nicht, dass du auf Rat verzichten solltest. Warum nicht von der Erfahrung von Menschen profitieren, die genau diese Entscheidung auch treffen mussten? Du kannst dir Rat von Freunden oder Familienmitgliedern holen oder von professionellen Mentoren oder Coachs. Es ist und bleibt deine Entscheidung, aber im Entscheidungsprozess kann eine objektive Betrachtung Gold wert sein.

Ich könnte dir noch mehr Techniken mitgeben, aber ich glaube, mit diesen acht hast du schon eine Menge Hilfsmittel an der Hand. Das bedeutet jedoch nicht, dass ab jetzt jede deiner Entscheidungen richtig sein wird. Da muss ich dich leider enttäuschen.

> Es geht darum, Entscheidungen zu treffen, und sich rückwirkend betrachtet einzugestehen, falsche Entscheidungen getroffen zu haben.

Welche Entscheidungen falsch sind, liegt oft im Auge des Betrachters. Gerade wenn du dich zwischen zwei Dingen entscheiden musstest. Ein Beispiel: Stell dir vor, unser Proband entscheidet sich für Doris und gegen Martha. Und die Ehe mit Doris geht in die Brüche. Was passiert dann wohl? Er denkt, dass er sich für die falsche entschieden hat. Aber woher weiß er das? Richtig, gar nicht. Wer sagt denn, dass es mit Martha besser geklappt hätte.

Oft genug entscheiden wir uns nicht zwischen richtig und falsch, sondern zwischen unbekannt und unbekannt. Und so kann es sein, dass beide Wege falsch gewesen wären. Wir machen uns das Leben schwer, weil wir bei jeder falschen Entscheidung davon ausgehen, dass die andere richtig gewesen wäre. Das ist vielleicht so, wenn jemand eine Haselnuss in seiner Faust versteckt und du nicht weißt, in welcher. Im echten Leben sind die Dinge meist weder schwarz noch weiß oder wie in unserem Beispiel eine Hand voll und die andere leer.

Wenn du das verstanden hast und dir diese Erkenntnis ebenso bewusst machst wie unsere drei Betrachtungsweisen am Anfang des Kapitels – Anzahl, Relevanz und Entscheidungsträger –, dann findest du deine kindliche Leichtigkeit wieder, Entscheidungen zu treffen. Als Kinder haben wir uns weniger Gedanken dazu gemacht. Wir haben bestimmte Dinge einfach getan, ohne uns zu fragen, was anschließend alles passiert. Ich habe mich einige Male dazu entschieden, einen Baum hochzuklettern, der viel zu hoch war. Und einmal bin ich auch heruntergefallen. Heute würde ich nicht mehr hochklettern, weil es für mich eine schlechte Entscheidung wäre.

Neben diesen Entscheidungshilfen kommt es auf dich selbst an. Manchmal können wir Entscheidungen nicht treffen, weil wir gar nicht wissen, was wir selbst wollen. Doris oder Martha, die eine ist wunderschön, die andere deine Seelenverwandte. Was wählst du nun? Was willst du und zwar nicht nur oberflächlich? Entscheidest du dich für »Doris, die heiße Maus« ist das völlig in Ordnung, wenn es das ist, was dir wichtig ist. Was sagt dein Herz zu deiner potenziellen Entscheidung? Was sagt dein Kopf? Oder sagen beide dasselbe? Dabei ist es wichtig, ehrlich zu sich selbst zu sein. Es bringt nichts, dir selbst etwas vorzumachen oder dich der Meinung anderer zu beugen. Es bleibt deine Entscheidung.

FELIX:
Ich sehe die meisten rufen: »Ich will aber beides«.

ONKEL SCHMUNZEL:
Oder noch Lea, Marie und Laura.

All 4 One – I swear

Oft ist es viel einfacher und deine erste Option war gleich die Richtige. Wir suchen in unserem Selbstoptimierungsprozess nach besseren Lösungen, dabei liegt die Entscheidung bereits auf der Hand. Wenn ich trotz aller Techniken zu keiner Entscheidung komme, dann bleiben zwei Optionen. Erstens: Ich treffe keine Entscheidung, weil sich keine 100 Prozent richtig anfühlt. Zweitens: Ich wähle meine erste Option. Das, was ich mir als Erstes überlegt hatte. Dann musst du nur noch die Entscheidung treffen, ob du bereit bist, den Schritt zu gehen.

Für Entscheidungen brauchst du Kraft. Natürlich erfordert nicht jede Entscheidung die gleiche Kraft, aber Kraft und Mut sind für alle unsere Entscheidungen der Treiber. Hast du diese Kraft?

> Wenn du weißt, was du willst,
> dann tu es und lass dich von
> niemandem davon abhalten.

So viel Energie, so viele großartige Ideen wurden im Keim erstickt, weil wir zweifeln, wo Zweifel nicht nötig ist. Glaub an dich und deine Entscheidungskraft. Genau deswegen heißt es Entscheidungskraft. Die Kraft, die du aufwenden musst, ist manchmal unendlich groß, aber wenn das, was hinter dem Vorhang wartet, es wert ist, dann tu es.

So viele Paare haben nie zueinander gefunden, weil keiner sich getraut hat, den anderen anzusprechen. So viele tolle Unternehmen wurden nicht gegründet, weil den potenziellen Gründern der Mut fehlte. Der Mut, mit dem die tollsten Dinge in unserer Welt entstehen und mit dem wir unser Leben so wundervoll und einzigartig machen. Ich weiß, oft sind diese Worte leicht gesprochen und

FELIX:
Stell dir wirklich vor, dass du Kraft sammelst oder bündelst, um den nächsten Schritt zu gehen.

es steht vieles im Weg. Sehr viel und dir fehlt die Kraft, nochmal zu beginnen, nochmal mit voller Kraft voraus zu starten, aber so oft hast du nur noch diese eine Chance.

Ich habe für RTL an einem Experiment als Experte teilgenommen, mit Familien, die einen Koffer voller Geld bekamen, um sich damit etwas aufzubauen. Es waren Familien, die Hartz 4 bekamen und nicht viel zum Leben hatten. Familien am Rande unserer Gesellschaft, die ein Schattendasein lebten und für die 5 Euro eine andere Bedeutung haben als für dich und mich. Bei diesem Experiment habe ich eine Frau kennengelernt, deren Entscheidung mich sehr nachhaltig beeindruckt hat.

Conny ist alleinerziehende Mutter mit fünf Kindern und hatte es im Leben oft nicht leicht. Ex-Männer, die keinen Unterhalt zahlen, Kinder, die Probleme in der Schule haben und das Geld ist auch immer knapp. Viele Rückschläge …

Viele Rückschläge, viele Momente, die sie sich sicher anders vorgestellt hätte. Ein Leben in einer kleinen Wohnung mit wenig Geld und vielen Tränen.

Ich erinnere mich noch an meinen ersten Drehtag – was für eine surreale Welt. Eine Wohnung so groß wie mein Wohnzimmer in einer Gegend, in der ich wahrscheinlich nie wohnen würde. Ich bin ein sehr offener Mensch und kenne es, kein Geld zu haben, aber in diesem Ausmaß war das auch für mich komplett neu. Aber beeindruckt hat mich etwas anderes.

Wenn ich mir vorstelle, ich hätte diese Rückschläge erlitten, müsste dieses Leben leben, würde ich kraftlos auf der Couch liegen. Meine Motivation für Entscheidungen wäre nicht mehr vorhanden. Umso überraschter war ich nach dem Gespräch mit Conny und ihren Kids.

> Eine Familie definiert sich
> nicht über Geld oder eine
> großartige Wohnung. Was zählt,
> ist der unermüdliche Kampf
> für die Liebe zueinander.

Zu sehen, wie sie sich unterstützten und sich gegenseitig halfen, hat mich mehr als gerührt. Conny hat im Leben eine Entscheidung getroffen, von der sie niemand jemals abbringen würde: Sie hat sich für ihre Kinder entschieden und dafür, ihnen ein besseres Leben zu bieten. Das sagte sie mir weinend in ihrer Wohnung und ich musste mich zusammenreißen, da mir auch die Tränen kamen. Der Kampf einer einzigen Frau für ihren Traum einer Familie und das Glück ihrer Kinder nahm mir den Atem. Wenn du mir einen Gefallen tun willst und dich diese Geschichte auch berührt, dann fällt dir vielleicht etwas ein, diese Familie zu unterstützen. Schick mir gerne eine Nachricht.

Glaub an dich und deine Entscheidungen und sei nicht missmutig, wenn es falsche Entscheidungen waren. Richte deinen Blick in die Zukunft und verweile nicht in der Vergangenheit. Ja, du brauchst Mut und Kraft, Entscheidungen zu treffen, aber auch dabei kann ich dir ein wenig helfen.

Ein kleines PS: Achte auch mal auf deinen Biorhythmus und deine Wochenplanung. Viele Menschen können morgens besser Entscheidungen treffen als abends. Oder eben dienstags eher als montags. Wie ist das bei dir?

13. MUTIG MIT WIND IN DEN SEGELN

Mut, Komfortzone, Selbstbewusstsein

Kinder machen immer Mutproben. Garagendächer herunterspringen, das Licht im Zimmer ausmachen oder andere verwegene Dinge, um den eigenen Mut zu testen und herauszufinden, wie mutig man selbst ist. Wenn du in eine Bande wolltest, musstest du vorher eine Mutprobe machen. Das Wort als solches ist interessant. Der eigene Mut wird auf die Probe gestellt. Ist Mut vorhanden oder eben nicht? Dabei sind wir alle als Menschen in der Grundvariante mutig. Natürlich ist der Mut, die Bereitschaft ungewohnte Dinge zu tun, nicht bei jedem gleich stark ausgeprägt.

Wichtig finde ich die Erkenntnis, dass Mut nicht bedeutet, sich selbst in Gefahr zu bringen. »Hey, spring doch vom Hochhaus oder bist du nicht mutig?« Das hat nichts mit Mut zu tun, das nennt man Dummheit. Es gibt Menschen, die süchtig nach diesen Kicks sind und nur dann etwas spüren, wenn es gefährlich wird.

> Tom Gregory – Fingertips

Als Kind war Mut oft etwas Körperliches, irgendwo herunterspringen, etwas tun, das die körperliche Kraft auf die Probe stellt ... Heute ist Mut für mich viel mehr etwas Geistiges. Also bereit zu sein, seine eigene Komfortzone zu verlassen. Mutig ist, wer bereit ist, zu tun, was er wirklich will. Dabei solltest du unbedingt wissen: Auch die mutigsten Menschen empfinden Furcht vor bestimmten Dingen.

> Mutig zu sein bedeutet
> nicht, furchtlos zu sein.

Kannst du dich noch an Mutproben als Kind erinnern? Vielleicht warst du auch in einer Bande und musstest eine Probe über dich ergehen lassen. Wer sich diesen Herausforderungen gestellt hat, ist mit der Zeit immer mutiger geworden, hat sich zuerst zugetraut, von der einen Meter hohen Mauer zu springen und später von der zwei Meter hohen Garage. Stück für Stück haben wir unsere Komfortzone verlassen. Wir haben in kleinen Schritten unsere Komfortzone vergrößert. Das Beispiel lässt sich gut auf die Proben des Lebens anwenden.

Stell dir eine unsichtbare Zone oder einen Raum um dich herum vor. Diese Zone vergrößerst du durch kleine Schritte. Niemand erwartet von dir, dass du gleich mit einem Fallschirm springst. Wenn sich deine Zone jedes Mal ein wenig vergrößert, weil du größere Schritte gemacht hast, kommst du auf diese Weise zum Ziel.

Auch hier ist der erste Schritt der wichtigste. Oder besser die Bereitschaft, diesen ersten Schritt zu gehen. Wenn dir der erste Schritt zu groß vorkommt, such nach einem neuen ersten Schritt. Wenn die einen Meter hohe Mauer zum Runterspringen zu hoch ist, versuch es mit der niedrigeren gleich daneben. Wichtig ist, dass du es versuchst und nicht aufgibst.

Das lässt sich auch gut auf das Fitnesstraining übertragen. Niemand geht beim ersten Besuch im Fitnessstudio hinten zu den harten Jungs und sagt: »Hey, macht mal Platz und packt mir 200 Kilo auf die Hantelbank«. Du fängst klein an und arbeitest dich Stück für Stück vor. Natürlich solltest du dich nicht unterfordern, sondern deine Grenzen finden. Die Grenzen des unsichtbaren Raums, der dich umgibt. Je größer dieser Raum wird, desto mehr kannst du dich darin frei bewegen. Durch das Ver-

FELIX:
Auch die Vor-
stellung mit
dem Land hilft
mir. Du bist
der König oder
die Königin und
vergrößerst dein
Reich.

FELIX:
Mit Öl einreiben
musst du ihn
dabei nicht.

ONKEL
SCHMUNZEL:
Doch, das musst
du.

größern der eigenen Grenzen, wird <u>dein eigenes
Land</u> immer größer, ohne dass du jemand anderem
etwas wegnimmst.

Auch Mut ist ein Muskel, den du trainieren kannst.
Mutmuskeltraining ist ein schöner Begriff, weil er
Mut greifbar macht und mir das Gefühl gibt, dass
ich meinen Mut trainieren kann. Wenn du deinen
Mut noch nie trainiert hast, wie kannst du dann erwarten, mutig zu sein. Du musst deinem Mut Aufmerksamkeit schenken und deinen <u>Muskel immer
weiter formen und stählen.</u>

Dabei musst du zwangsläufig Dinge tun, die
noch mehr Mut erfordern. Mich fordert es nicht,
einen Kasten Wasser vom Auto zum Haus zu tragen. Drei Kästen würden meine Kräfte sehr wohl
beanspruchen. Aber nur mit höherer Belastung
kann – symbolisch gesprochen – ein Bizeps weiter-
wachsen. Du darfst dabei nicht verkrampfen. Die
schlechteste Lösung ist, es gar nicht zu versuchen.
Oft verkrampfen wir gerade zu Beginn so sehr, dass
wir uns die fürchterlichsten Dinge ausmalen und
uns selbst blockieren. Du brauchst Mut, um durch
die Furcht oder die Angst zu gehen, sich einer Situation zu stellen.

Überleg dir mal konkrete Übungen für deinen Muskel, so wie du es vielleicht auch mit Sportübungen
machst. Schreib dir kleine Tests oder Proben mit
dem Bleistift ins Buch. Was könnte dein nächster
kleiner Schritt sein?

Oft werde ich in meinen Mentorings gefragt, wie
man mutiger werden kann und gebe den Mentees
dann die Aufgabe, sich zu überlegen, wie sie ihren
Muskel Schritt für Schritt trainieren können. Das
können banale Dinge sein. Frag doch mal jemanden auf der Straße nach der Uhrzeit. Das ist für viele
schon eine Handlung weit außerhalb der eigenen
Komfortzone. Wenn dir das nichts ausmacht, leg
dich mal für eine Minute in der Fußgängerzone

auf den Boden und bleib dort liegen. Das ist den meisten recht unangenehm. Aber was kann im schlimmsten Fall passieren? Niemand wird länger als ein paar Minuten über diese Situation nachdenken.

FELIX:
Na gut, steh bitte auf, wenn ein Auto kommt.

Wenn du dich selbst nicht für mutig hältst, dann frage dich, warum du das denkst und woran es liegt, dass du nicht mutig bist. Vielleicht hast du diesen Muskel einfach nie trainiert. Wie sollst du dann mutig sein? Vielleicht hast du dich nie außerhalb deiner Komfortzone bewegt? Zögere nicht, deine Grenzen kennenzulernen und sie zu erweitern.

> Niemand wird mutig geboren.
> Manche haben nur früh begonnen,
> ihren Mut auf die Probe zu stellen.

Gerade wenn ich merke, dass ich viel Mut benötige, sammle ich meinen Mut. Wenn du deinen Mut sammelst und deine Energie fokussierst, bist du wesentlich stärker und eher bereit, deine Grenzen zu verschieben. Dabei ist es für die einen mutig, in eine andere Stadt zu ziehen, während das für andere ein Kinderspiel ist. Wir bewerten Situationen aufgrund unserer Erfahrungen sehr unterschiedlich, also verurteile dich nicht, wenn dir bestimmte Situationen schwerfallen.

FELIX:
Mein Vater hat immer aus Spaß gesagt, dass meine Mutter mich dahin schickt, damit niemand mehr Staubsaugen musst.

Hast du Allergien? Ich habe als Kind viele Jahre jeden Donnerstag eine Spritze bekommen, damit mein Körper sich besser an Hausstaubmilben gewöhnt und mit ihnen klarkommt. Ein paar Jahre später hat sich meine Allergie sehr gebessert und ich bin beim Auskippen der Legokiste nicht gleich in Ohnmacht gefallen. Das nennt man Desensibilisierung, die Sensibilität gegen eine bestimmte Sache wird aufgehoben. Ähnlich ist es mit den Situationen, vor denen du dich fürchtest. Durch kleine Schritte und die Auseinandersetzung damit, kannst du das große Ganze auflösen, das dir Angst macht. So ist das auch mit manchen Impfungen. Du bekommst Viren in abgeschwächter Form gespritzt und dein Körper lernt, damit umzugehen. Du musst deine Desensibilisierung selbst übernehmen. Ganz ehrlich, mich hat es auch genervt, jeden Donnerstag eine Spritze zu bekommen.

Viele verwechseln Mut mit Selbstvertrauen. Natürlich ist es hilfreich, selbstbewusst zu sein und sich unangenehmen Situationen zu stellen. Aber auch hier hilft es, sich das Wort als solches anzuschauen. »Selbstbewusstsein« – sich selbst bewusst sein. Sich bewusst über sein Selbst zu sein. Zu verstehen, was dich ausmacht, dich selbst zu kennen und aus dieser Tatsache Kraft zu schöpfen. Diese Erkenntnis war für mich ziemlich hilfreich: Selbstbewusstsein hat nichts damit zu tun, überheblich, eingebildet oder egozentrisch zu sein. Aber dieses Bewusstsein, diese innere Klarheit gibt dir Kraft, dich auch Situationen zu stellen, vor denen du dich fürchtest. Ich erinnere mich an viele Situationen, in denen ich nicht mutig war und bestimmte Dinge nicht getan habe. Rückwirkend wäre ich gerne mutiger gewesen. Aber wie ich dir schon erklärt habe, bedeutet Mut für mich vor allem, das zu tun, was ich wirklich will. Es fehlt dir nicht an Mut, wenn es keinen guten Grund dafür gibt, etwas außerhalb der eigenen Komfortzone zu tun. Warum solltest du etwas tun, das dich nicht weiterbringt? Ich erinnere mich an ein Gespräch mit einem Date. Sie fragte mich, ob ich schon einmal Fallschirm gesprungen bin. Ich antwortete, dass ich das noch nicht gemacht habe und auch nicht machen will. »Bist du nicht mutig?«, fragte sie. Ich dachte kurz nach und erklärte ihr dann, dass ich mich nicht davor drücke, aber glaube, dass es mich nicht dahin bringt, wo ich hinwill und dass ich in vielen Situationen mutig war, die mir wichtig waren. Wie so oft fangen wir dann an, uns zu rechtfertigen und anderen zu erklären, warum wir etwas nicht tun.

> Es ist deine Entscheidung, ob du deinen Mut zusammennimmst und eine Grenze erweiterst. Es ist genauso dein Recht, es zu lassen. Du bist niemandem etwas schuldig.

FELIX:
Ob wir uns nochmal getroffen haben? Rate mal.

Wenn ich für mich überlege, ob es sich lohnt, meinen Mut zusammenzunehmen, greife ich zu einem kleinen Trick, der mir hilft. Ich verwende meine 1–10 Skala. Wie das funktioniert, erkläre ich dir gerne. Ich stelle mir die Frage, ob mich eine Sache weiterbringt und bewerte sie auf der Skala von 1 (völlig unnötig) bis 10 (super sinnvoll). Bis hierhin ist das kein wirklicher Tipp, was ich aber mache, ist die 6 und die 7 als Bewertungen wegzulassen. Somit bleiben noch 1–5 und 8–10. Wenn ich also vor so einer Entscheidung stehe, dann entscheide ich mich, nur dann mutig zu sein, wenn ich die Situation mit 8–10 bewerte. Ich zwinge mich also, nichts mit 6 oder 7 zu bewerten. Wir bewerten nämlich schnell alles mit 6–7. Das liegt so wunderschön knapp über der Mitte. Lässt du die Mitte aus, kannst du schneller entscheiden, ob du etwas wirklich willst und dafür dann deinen Mut einsetzt.

ONKEL SCHMUNZEL:
Meinst du nicht, das hätte der Leser selber ermitteln können?

The Weeknd – Blinding lights

> »Mut ist nicht die Abwesenheit von Angst.«

Das ist eines meiner absoluten Lieblingszitate. Es ist aus dem Film *Plötzlich Prinzessin* und beschreibt in sieben einfachen Worten genau, worum es geht. Mutig zu sein, ist mehr als sich nicht vor etwas zu fürchten oder nicht ängstlich zu sein. Mut bedeutet mehr und ist deshalb für uns oft so eine immense Herausforderung. Mut zusammenzunehmen, um schwierige Entscheidungen zu treffen, die deinen Einsatz außerhalb deiner Komfortzone erfordern, macht dein Leben aus und lässt dich an die Orte deiner Sehnsüchte gelangen.

Sein Leben mutig zu leben, bringt unfassbar viele Vorteile mit sich. Erlebnisse, die du sonst nie erleben würdest, unglaubliche Erfahrungen und viele Schritte auf dem Weg zur Verwirklichung deiner Träume. Denk nicht, dass alle mutig wären und nur dir der Mut fehlt. Jeder erzählt lieber von sich, in welchen Situationen er mutig war und nicht, wann er ein Angsthase war. Ich mag Angsthasen, weil Angst in vielen Situationen ein natürliches und völlig berechtigtes Gefühl ist, das uns davor schützt, im Übermut völligen Quatsch zu machen, den wir später garantiert bereuen.

Steh doch mal in meiner nächsten Keynote vor 1000 Menschen auf, zieh dich nackt auf der Bühne aus und halte ein Schild hoch, dass du der Größte bist. Wäre das für dich mutig? <u>Oder wäre es vielleicht einfach nur dumm?</u> Verurteile dich nicht dafür, wenn du vor bestimmten Situationen Angst hast. Jeder hat Angst, und Angsthasen können ganz wundervolle, nützliche Tiere sein.

FELIX:
Wenn du das schon machst, dann lass eine Kamera mitlaufen. Dann kann ich das für Youtube nutzen und ein paar Klicks abstauben.

14. DU ANGSTHASE

Angst, Bewältigung, Emotionen

Na du Angsthase? Da hast du aber schon weit gelesen? Hattest du Angst beim Lesen? Angst, dass Themen drankommen, die dir nahegehen? Angsthase ist eines dieser typischen Worte, die eine Menge in uns auslösen. Wer will schon gerne ein Angsthase oder eine Schissbuchs sein, wie man so schön sagt. Das hat bestimmt schon jemand zu dir gesagt, oder? Ich kenne das, vor allem aus der Zeit, als ich noch jung war und es ist mir immer sehr nahegegangen. Als Junge wollte ich nie ein Angsthase sein. Ich wollte mutig, stark und furchtlos durch die Welt reiten. Leider gab es aber immer Menschen, die scheinbar weniger Angst hatten als ich und mich dann Angsthase nannten. Wenn du dich bis hierhin durchgekämpft hast, weißt du, dass ich auch dieses Thema mit dir leicht, aber nicht minder tief angehen will. Also, Angsthase, traust du dich?

Was ist überhaupt Angst? Angst ist immer etwas sehr Persönliches. Du entscheidest, wie du emotional auf bestimmte Dinge reagierst und deine Reaktion kann sich massiv von Reaktionen anderer unterscheiden. Dabei hast du das Gefühl, du könntest deine Gefühle nicht kontrollieren und jemand anderes würde die Leitung übernehmen. Du reagierst mit einer Fülle an Gefühlen auf die unterschiedlichsten Situationen und wirst dabei dann von jetzt auf gleich zu einem anderen Ich; du transformierst dich.

Emily Roberts – In this together

Es geht darum, dass du dir bewusst machst, was Angst ist und woraus sie besteht. Angst lässt sich dabei ziemlich gut in Einzelteile zerlegen. <u>Es gibt drei Komponenten, die Angst eine Daseinsberechtigung bieten:</u>

ONKEL
SCHMUNZEL:
Liste, Liste, Liste ... Wir wollen eine Liste.

Die erste Komponente ist die gedankliche Komponente. Gedanklich bedeutet in diesem Zusammenhang, dass du etwas siehst und dein Gehirn in Millisekunden intuitiv darauf reagiert. Du siehst eine Spinne und dein kleines Köpfchen reagiert. Wichtig ist, dass du diese vor allem visuellen Reize interpretierst. Das ist auch gleich der effektivste Hebel. DU interpretierst das Gesehene und jeder interpretiert es anders. Wo der eine etwas völlig Ungefährliches sieht, denkt ein anderer, ein Monster sei aus der Hölle entstiegen.

Die zweite Komponente ist die körperliche Reaktion auf deine Interpretation. Sie kann völlig emotionslos sein oder dein Körper dreht durch. Das äußert sich dann durch Schwitzen, hohen Blutdruck, zittern oder ähnliche Dinge, die wir lieber nicht hätten.

Als dritte Komponente kommt deine Verhaltensreaktion ins Spiel. Sie äußert sich oft durch Flucht oder Ausweichen, nachdem dein Körper und du auf den Reiz reagiert haben. Das ist biologisch völlig normal. Unser Körper ist darauf ausgelegt, dass wir vor etwas flüchten, vor dem wir Angst haben. Das ist ein natürlicher Schutzmechanismus und nichts, für das wir uns verurteilen müssen. Das Interessante ist also, dass nicht die Verhaltensreaktion oder die körperliche Reaktion entscheidend sind, sondern die gedankliche Interpretation. Und genau hier kannst du Einfluss nehmen.

Dabei gibt es viele verschiedene Arten von Angst. Ängste vor den unterschiedlichsten Dingen. Angst vor Spinnen, Angst vor Prüfungen, Angst vor dem Scheitern, Angst vor Einsamkeit – das Spektrum ist groß. Es gibt wohl keinen Menschen, der, wenn er ehrlich zu sich ist, nicht vor etwas Angst hat. Ich habe vor vielen Dingen Angst und bin definitiv ein Angsthase.

Ich nenne dir gleich ein paar Möglichkeiten, wie du mit deinen Ängsten umgehen kannst, aber vorher würde ich dir gerne beweisen, dass ich wirklich ein Angsthase bin. Deal?

Felix hat Flugangst. Ehrlich, da ist dieser Keynote-Speaker und Mentor, der oft zu Vorträgen muss und er hat Angst vor dem Fliegen? Ja, das hat er. Eigentlich hatte ich das nicht von Anfang an, sondern es hat sich zunehmend entwickelt. Ich erinnere mich an einen holprigen Flug nach Prag, wo wir nicht richtig aufsetzen konnten und erneut durchstarten mussten. Das war schon ein wenig unangenehm. Nach diesem Flug war ich fix und fertig. Es gab nur ein Problem: Am nächsten Tag sollte ich zurückfliegen. Das war für mich fürchterlich. Ich habe mir vorgestellt, wieder in das gleiche Flugzeug zu steigen, das grundlos in der Luft explodiert. 24 wundervolle Stunden voller Horrorvorstellungen. Ich bin dennoch zurückgeflogen und innerlich Hunderte Tode gestorben.

ONKEL SCHMUNZEL: Du hast dir fast in die Hose gemacht.

Das hat so weit geführt, dass ich jedem gesagt habe, dass ich nie wieder in so eine Kiste steige. Anschließend bin ich immer mit dem Zug gefahren. Schön entspannt 14 Stunden mit dem Zug nach Mailand bei 35 Grad und kaputter Klimaanlage haben mich dazu bewegt, mich mit dieser Angst nochmal zu beschäftigen. Vom Auflösen meiner Flugangst war ich noch meilenweit entfernt. Die Schritte, die mir geholfen haben, will ich gerne mit dir teilen. Sie sind universell anwendbar und lassen sich auf fast jede Art von Angst übertragen.

Mein erster Schritt: Akzeptiere deine Angst

Zuerst wollte ich mir das selbst nicht eingestehen. Ich starker Mann habe Angst vor dem Fliegen. Ich habe mir eingeredet, dass es vorübergeht und ich nur eine Zeit lang alles mit dem Zug mache. Geholfen hat das nicht. Viel mehr war für mich der Satz »Ich habe Flugangst« der erste Schritt auf der Besserungsleiter. Eine Freundin, die in der Suchtprävention arbeitet, hat mir etwas sehr wichtiges gesagt: »Die Akzeptanz ist der erste Schritt zur Lösung«. Oft wollen wir uns Dinge nicht eingestehen, weil es sich für uns wie Schwäche anfühlt. Alkoholiker müssen als Erstes verstehen, dass sie Alkoholiker sind, bevor sie daran arbeiten können. »Ach die Flasche Wein am Tag macht doch keinen Alkoholiker.«

Mein zweiter Schritt: Der Wille zur Veränderung

Wenn du in dir nicht den Wunsch zur Veränderung spürst, deine Angst nicht auflösen willst, wird nichts passieren. Dein Mut und deine Kraft sind die entscheidenden Faktoren, um die Leiter nach oben zu klettern. Ich bin mir bewusst, dass es dir viel Mut abverlangt, aber nur so kommst du dorthin, wo du sein willst. Sammle deine Kräfte. Ich habe das wirklich so gemacht. Ich habe andere Dinge zur Seite geschoben. Ich nenne das die Kraft des Ninjas. Du hast 100 Kraftpunkte, die sich auf alle möglichen Dinge verteilen und fokussierst diese Energie jetzt auf deinen Powerschlag gegen die Angst.

FELIX: Vielleicht wollte ich als Kind auch Ninja werden.

ONKEL SCHMUNZEL: Oder Froschkönig.

Mein dritter Schritt: Die perfekte Vorbereitung für die Schlacht

Ich brauche, bevor ich mich meiner Angst stelle, noch etwas Vorbereitungszeit. Ich schleife quasi mein Ninja-Schwert. Über mein mächtigstes Tool haben wir am Anfang des Kapitels schon gesprochen – deine Interpretation der Situation.

Deine Gedanken entscheiden, wie du etwas interpretierst. Wenn du das wirklich verstanden hast, kannst du die Interpretation ändern. Ich hatte Angst davor, dass die Turbinen einfach ausfallen oder das die Tür rausfällt. Egal, wie oft mir jemand erzählt hat, dass das nicht passiert, es hat nicht geholfen. Aber etwas anderes hat geholfen. Ich habe mir vorgestellt, was passiert, wenn die Turbine ausfällt und mir meine eigene Interpretation angeschaut. Nach meiner eigenen Interpretation stürzt das Flugzeug dann ab und ich bin tot. Aber diese Interpretation ist faktisch falsch. Wenn die Turbine ausfällt, geht das Flugzeug in den Sinkflug über. Sicher ist das Arbeit für die Piloten, aber das haben sie trainiert. Das Flugzeug kann immer noch landen – selbst auf Wasser. Das ist zwar keine Traumvorstellung, aber Millionen Mal besser als meine vorherige Interpretation. Das nennt man Framing. Ich stelle mir die Situation im Kopf auf einmal ganz anders vor und diese veränderte Interpretation führt zu einer anderen körperlichen Reaktion.

FELIX:
Die unterschied-
liche Formulie-
rung dessen,
was du sagen
willst, obwohl
sich der Inhalt
nicht ändert.

Mein vierter Schritt: Die Schlacht um Mordor

FELIX:
Mordor kennst
du, oder?
Stichwort: Herr
der Ringe.

Leider führt kein Weg an der Konfrontation vorbei, aber du bist jetzt gerüstet. Du bist dir deiner Angst bewusst und hast sie akzeptiert. Du bist gewillt, dich ihr zu stellen und hast erkannt, dass deine Interpretation eine falsche war. Als ich das erste Mal wieder geflogen bin, war das kein Traumausflug. Ich hatte weiche Knie und war aufgeregt, aber ich war gewillt, mich in die Maschine zu setzen. Ich wusste, dass meine schlimmsten Vorstellungen vor allem eins waren – ein Gedanke in meinem Kopf. Wenn ich vor etwas Angst habe, sind diese vier Schritte für mich ein kleiner Leitfaden. Und auch folgende Frage hilft mir hier immer:

Was würdest du tun, wenn du keine Angst hättest?

Dazu kannst du dir unendlich viel vorstellen. Du wärst fähig, so viele Dinge zu tun, die du heute so niemals tun würdest. Du wärst befreit und voller Kraft. Das bedeutet aber nicht, dass du keine Angst haben solltest. Angst ist toll, weil sie dich in vielen Situationen beschützt. Stell dir vor, 20 Löwen stehen dir gegenüber und du spürst keine Angst und keinen Fluchtinstinkt. Das würde ziemlich dumm für dich ausgehen.

Joshua Radin – Lean on me (Acoustic)

So oft lähmt uns unsere eigene Angst. Sie lähmt uns wie ein Kleber, der uns am Weitergehen hindert. Schau dir die Angst in dir genau an und frage dich, woher sie kommt. Ist es eine berechtigte Angst oder nur eine Interpretation deines Kopfs. Die Angst, dass sich jemand im Schrank versteckt, findet in deinem Kopf statt und ist nicht real.

ONKEL SCHMUNZEL: Außer du hast jemanden im Schrank gehört oder es ist dein Lover und der Ehemann steht schon vor der Zimmertür.

Wovor hast du Angst? Welche Ängste begleiten dich und welche würdest du gerne loswerden? Akzeptiere bitte, dass du keine Maschine bist. Niemand hat vor nichts Angst. Aber wenn du deine Ängste überwindest, lebst du in Freiheit. Setz dich mit ihnen auseinander. Ein erster Schritt kann bereits sein, dass du Wort für Wort in dieses Buch schreibst, wovor du Angst hast.

Viele Menschen sind, wenn sie an Prüfungen, Vorträge oder Ähnliches denken, wie gelähmt. Sie bewerten die Situation als gefährlich, bedrohlich und stellen sich vor, wie sie später arbeitslos auf der Straße landen und alle sie auslachen. Das ruft Panik und eine riesige Angst hervor. Diese Angst entsteht durch die eigene Bewertung. Die Prüfung als solches hat nichts mit der Angst zu tun. Wenn du dir den Vortrag, etwa in einer mündlichen Prüfung, als das vorstellst, was er ist, nämlich als eine Wiedergabe von Worten und als eine Herausforderung, ist die Bewertung eine ganz andere. Du konzentrierst dich, du bist aufgeregt und neugierig darauf, was passiert. Das ist eine komplett andere Sichtweise, die auch andere Gefühle verursacht.

Ich erinnere mich an meinen ersten großen Vortrag vor 2000 Menschen. Da hatte ich Angst. Aber war es Angst? Oder war es vielmehr Respekt vor der Situation, vor der Herausforderung und dem Ungewissen. Zusammen mit einigen der größten Redner saß ich in einem Raum und fragte mich, ob sie auch aufgeregt sind. Von Aufregung merkte ich bei den anderen nichts, während mein Herz aus der Brust hüpfte. War ich aufgeregt? Ja. War ich nervös? Ja. War ich ängstlich? Nein.

Verlass dich auf das, was du kannst, und denk an die vielen Situationen, die du in deinem Leben mit Mut gemeistert hast. Das gibt dir Sicherheit. Was kann im schlimmsten Fall passieren?

Du kannst im Leben nicht verhindern, dass solche Situationen entstehen. Aber du kannst entscheiden, wie du dich ihnen stellst. Widrigkeiten wird es immer wieder geben, aber wenn du dein eigener Super Mario bist, wirst du auch den Endgegner schlagen. Egal ob du jetzt Super Anne oder Super Felix bist. Diese gedankliche Widerstandskraft macht dich stark, weil sie dich beschützt wie ein Türsteher. Bestimmte Ängste lässt sie nicht mehr rein. Natürlich musst du dich nicht jeder Angst stellen und viele Urängste sind wertvoll.

Um dich selbst zum Super-Ninja zu machen, habe ich eine weitere Taktik für dich:

FELIX:
Stell dir das vor, du hast schon 13 Level gemeistert und wagst dich jetzt an Nummer 14. Selbst wenn dein Gegner eine dicke gemeine Schildkröte ist – du wirst sie besiegen.

ONKEL SCHMUNZEL:
Oder sie gewinnt und du bist kaputt.

15. DEIN TRAUMBERUF – TÜRSTEHER

<u>Resilienz</u>, Gamechanger, Fehler machen

FELIX:
Resilienz ist die eigene Widerstandsfähigkeit zum Beispiel gegenüber Stress oder negativen Emotionen.

Wolltest du als Kind Türsteher werden? Wahrscheinlich hattest du einen anderen Traumjob im Kopf. Warum es aber sinnvoll ist, Türsteher zu werden, will ich dir gerne erzählen. Ein Freund von mir war viele Jahre Türsteher. Ein guter Brocken mit Boxernase und dicken Armen – eben so wie man sich einen Türsteher vorstellt.

Jetzt fragst du dich vielleicht, ob ich noch alle Tassen im Schrank habe und warum du dein erfolgreiches Geschäft oder deinen tollen Job aufgeben solltest, um Abend für Abend einen Club zu bewachen? Deine Skepsis ist unbegründet und du musst auch nirgendwo kündigen. <u>Ich will dir erzählen, worauf ich hinauswill.</u>

ONKEL SCHMUNZEL:
Das würde mich auch interessieren.

Die Aufgabe eines Türstehers ist es, dafür zu sorgen, dass weder Betrunkene oder andere nervigen Gestalten den Club übernehmen und dass sich alle Gäste wohlfühlen. Ohne Türsteher wäre keine Party wie sie ist und es gäbe wahrscheinlich jeden Abend Ärger und Stress. Der Türsteher ist eine Art Filter. Er lässt nur jene rein, die sich anständig geben und das Niveau heben. Daneben hat ein Türsteher die Aufgabe, betrunkene oder pöbelnde Gäste aus dem Club zu geleiten und ihnen im Ernstfall auch dauerhaft Hausverbot zu geben. Neben dem Filter gibt es also eine Aufräumfunktion. Weißt du schon, worauf ich hinauswill?

Du wirst zwangsläufig in deinem Leben Menschen begegnen, die weder positive Absichten hegen noch anderweitig wertvolle Eigenschaften für dich haben. Menschen, auf die du gut und gerne verzichten kannst. Es gibt Leute, die in jedem Menschen Gutes sehen. Das finde ich zwar bewundernswert, aber für mich gibt es auch Idioten und ich habe kein Interesse, bei ihnen nach positiven Eigenschaften zu suchen. Und genau an der Stelle kommt der Türsteher ins Spiel. Er beschützt dich vor diesen Menschen, vor Energieräubern. Doch damit nicht genug. Er sorgt dafür, dass unangenehme oder pöbelnde Menschen in deinem Umfeld vom Spielfeld verwiesen oder aus dem Club geschmissen werden.

ONKEL SCHMUNZEL: Was biste denn so kratzbürstig, Jung?

Jetzt fragst du dich vielleicht, wie Türsteher artig einen guten Job für dich machen können. Du musst sie anheuern und wie allen Mitarbeitern ein gutes Briefing mit auf den Weg geben. Wer darf rein? Welche Gäste hättest du gerne? Und wer muss wieder gehen, wenn er sich danebenbenimmt? Du bist verantwortlich dafür, dass deine Türsteher einen guten Job machen. Ohne Briefing kein guter Job.

Ich liebe diese Vorstellung und wende sie sehr umfassend für mich an. Das betrifft auch meine digitale Welt. Ich filtere sehr genau, mit was ich mich auseinandersetze und mit was nicht. Was lasse ich an mich heran und was halten meine Türsteher von mir fern? Du kannst dir das gerne wie deine erste Verteidigungslinie vorstellen, die niemand überwinden kann und die dich vor lästigen Störfaktoren schützt. Das mache ich auch mit E-Mails, wenn ich merke, dass jemand mich nur aussaugen will, schenke ich diesem Menschen keine Zeit. Meine Türsteher lassen ihn gar nicht erst rein.

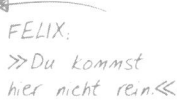

FELIX: »Du kommst hier nicht rein.«

Auch wenn es jemand hineingeschafft hat, ist es deine Aufgabe, Personen, die dir nicht guttun, zu bitten, zu gehen oder sie eben rauszuschmeißen –

deswegen heißen Türsteher auch manchmal Rausschmeißer. Viel zu oft haben Menschen von uns Besitz ergriffen, die uns nicht guttun. Um das zu ändern, hilft mir die Vorstellung der Türsteher gut, weil sie die Situation verbildlicht und greifbar macht und mir zudem das Gefühl gibt, dass ich damit nicht allein bin. Ich habe ein Team starker Türsteher mit dicken Bizepsen, die mich beschützen und die im Notfall eingreifen können. Zu oft fühlt man sich kraft- und machtlos, aber mit den Türstehern hast du ein wirkungsvolles Tool, das dich beschützt. Es dürfen auch super krasse Karatefrauen sein, wenn dir das lieber ist.

FELIX:
Lustiger Plural.

ONKEL
SCHMUNZEL:
Massiv und mit
Babyöl.

Mark Forster – Bist du okay

Oft können wir den Eingriff der muskulösen Gesellen aber verhindern, indem wir ein einzigartiges Zauberwort kennenlernen, das ich dir jetzt vorstelle. Dieses Wort hat in meinem Leben eine immense Bedeutung und hat mich schon vor manch ungebetenem Gast geschützt. Willst du dieses Wort erfahren? Dann kauf jetzt alle meine Bücher, mach ein Foto von ihnen und sende es mir per E-Mail. Na gut, ich verrate es dir auch so.

FELIX:
Stell dir vor,
die Zahl der
Jas ist limitiert
und du kannst
nur einige vergeben. Dann
gehst du automatisch sorgsamer damit um.

ONKEL
SCHMUNZEL:
Wie bei Hotelbuchungsseiten:
»Es sind nur
noch zwei Zimmer verfügbar.«

Das geheime Zauberwort, das dir ungemein weiterhilft, heißt: Nein.

Nein ist eins meiner absoluten Lieblingsworte. Nicht, weil ich ein notorischer Nein-Sager bin, sondern weil es mir hilft, in meinem Leben zu erreichen, was ich wirklich erreichen will. Warum? Erklär ich dir.
Viel zu oft sagen wir Ja zu Dingen, die kein Ja verdienen. Damit berauben wir uns der Zeit für Dinge, die tatsächlich ein Ja brauchen. Wir verschenken Kraft, Zeit oder Geld für Dinge, die uns nicht weiter-

bringen. Ich habe mich lange schwergetan, Nein zu sagen, weil ich niemanden vor den Kopf stoßen wollte, bevor ich verstanden habe, dass ich so nicht weiterkomme. In etlichen Situationen habe ich Dingen zugestimmt oder Dinge getan, die ich gar nicht richtig wollte. Das Wort Nein hat mir gezeigt, dass ich das überhaupt nicht muss.

Ich erinnere mich an ein besonderes Erlebnis. Ich habe nach meinem Marketing-Studium einen Job gesucht und mich für ein Traineeprogramm in meiner Heimatstadt beworben. Nachdem ich die Zusage bekommen hatte, startete das Programm in einem Supermarkt, in dem ich sechs Wochen lang Regale auffüllen oder an der Kasse sitzen durfte. Da ich mein Leben lang alle möglichen Jobs gemacht hatte, fiel mir das nicht schwer. Nach den sechs Wochen kam ich in die Werbeabteilung in ein nettes Team, aber ich spürte recht schnell, dass dieser Job eigentlich nichts für mich ist. Ich bekam eigene Aufgaben, konnte mich einbringen, aber es fühlte sich nicht richtig an. Ich war immer froh, wenn ich um 16.30 Uhr Feierabend hatte. Oft bin ich mehrmals am Tag zur Toilette gegangen und habe mich auf die Klobrille gesetzt und gegrübelt. Was soll ich nur machen? Andere aus meinem Studium suchen immer noch nach einem Job und ich habe ein Traineeprogramm mit Aufstiegschancen und gehe nur fünf Minuten zu Fuß zur Arbeit.

Nach circa sechs Monaten hatte ich drei Wochen Urlaub, in denen ich natürlich über meinen Zustand nachgedacht habe. Ich grübelte und stellte mir vor, wie meine Zukunft in diesem Unternehmen aussehen könnte. Vielleicht würde ich irgendwann Abteilungsleiter oder sogar Chef. Aber selbst diese Vorstellungen machten mich nicht glücklich. Das maximal zu erreichende berufliche Ziel (MEZ) war für mich nicht erstrebenswert. Dieser Gedanke war für mich ein Gamechanger. Wenn ich als ziel-

FELIX:
Ich nenne das MEZ – maximal zu erreichende Ziel. Frage dich immer, ob das MEZ überhaupt erstrebenswert ist.

strebiger Mensch, in dem Unternehmen kein Ziel als für mich erstrebenswert empfinde, dann kann das nicht das Richtige für mich sein, oder?

Damit war mir klar, was zu tun war. Du solltest aber noch eins wissen: Ich hatte zu der Zeit keine Ahnung, was ich sonst machen oder wovon ich meine Miete bezahlen sollte. Am nächsten Tag hatte ich einen Termin beim Personalchef und saß dort mit schlotternden Knien. Mir war bewusst, dass ich nicht gerade tolle Argumente vorbringen konnte, warum ich das Programm in der Mitte abbrechen wollte. »Mein Gott, Felix, zieh doch die restlichen sechs Monate durch« oder »Das kannst du nicht machen«, lauteten die Reaktionen aus meinem Umfeld. Aber mein Entschluss war gefasst und ich kündigte. Sofort durfte ich meine Sachen packen und war 30 Minuten nach dem Gespräch raus. Ich erinnere mich an den Moment, als ich das Firmengelände verließ und mir die Sonne ins Gesicht schien – es war Juli. Ich habe mich selten im Leben so befreit gefühlt. Es ging nicht darum, dass der Job fürchterlich war, sondern dass die Vorstellung, dort zu arbeiten, sich nicht mit meiner eigenen Zukunftsvision deckte. Und nun musste ich nicht mehr dorthin und meine Zukunft war wieder wie ein weißes Blatt Papier, auf dem noch nicht geschrieben stand, was aus mir mal wird.

Noch am gleichen Tag erzählte ich meiner Großmutter von meiner Kündigung, die meine Entscheidung nicht nachvollziehen konnte. »Aber Oma, ich habe keine Lust von 7.30 bis 16.30 Uhr dort zu sitzen«, sagte ich ihr. »Aber Jung, das müssen alle Menschen, sonst verdient man kein Geld und landet auf der Straße«, war ihre berechtigte Sorge. Und genau hier hat mir das Wort Nein so geholfen. »Nein, Oma, das muss man nicht. Ich muss gar nichts, was ich nicht von Herzen will.« Dieses Nein fühlte sich so wundervoll an. Ich bekam selber Gänsehaut in dem Moment.

> Ein Nein zu anderen ist
> oft ein Ja zu dir selbst.

Dieses eine Nein machte mich stark. Dieses eine Nein gab mir Kraft. Dieses eine Nein zeigte mir, dass ich weiß, welchen Weg ich nicht gehen will. Es gab mir ein unbeschreibliches Gefühl der Klarheit und war wie ein Bekenntnis zu mir selbst und meinen Träumen. Ich wünsche dir von Herzen, dass du die Kraft hast, Nein zu sagen. Die Kunst, Nein zu sagen, müssen wir lernen, was uns schwerfällt. Es erzeugt Widerspruch und kostet dich Kraft, aber am Ende findest du nur so deinen eigenen Weg.

FELIX:
Super wichtig:
Manchmal kennst du deinen Weg nicht, aber du kennst vielleicht die Wege, die du nicht gehen willst.

Gnarly Gibbs – Follow the sun

Jeder Weg wird von Entscheidungen geebnet. Von Entscheidungen zwischen Ja und Nein, bei denen es kein vielleicht oder »schauen wir mal später« gibt. Natürlich werden du und deine Türsteher nicht immer die richtige Entscheidung treffen. Wie sollte das auch gehen? Gerade aus meinen falschen Entscheidungen habe ich das meiste gelernt. Meine falschen Entscheidungen haben mich geprägt und zu einem Menschen gemacht, der sich dessen bewusst ist, dass die Reise durch das Leben aus einer Menge falscher Entscheidungen besteht.

In meinen Mentorings stelle ich meinen Mentees immer eine Frage:

FELIX:
In dem Zusammenhang ist Nonkonformität spannend - bewusstes aus der Reihe tanzen. Ich trage gerne Hosenträger, dazu gehört zumindest zum Teil ein wenig Mut und das führt eher zu einem höheren Status.

> Was ist dein Lieblingsmisserfolg?

Oft schauen sie mich dann verdutzt an und haben im ersten Moment keine Lust, über ihre Misserfolge zu reden. Aber wenn wir über diese Situationen sprechen, ergeben sich sehr oft die unglaublichsten Betrachtungsweisen. Oft haben Misserfolge meine Mentees zu erfolgreichen Unternehmern gemacht.

Wenn ich keine Fehler gemacht hätte, wäre ich heute nicht der Mensch, der ich bin, und vor allem wäre ich nicht erfolgreich.

In unserer Gesellschaft fehlt es leider zuweilen an einer Fehlerkultur. An der Akzeptanz, dass Fehler zu machen etwas ganz Normales ist und jeder Fehler macht. Zu oft zeigen wir mit dem Finger auf andere Menschen und prangern ihre Fehler an. Dabei sollten wir uns viel häufiger fragen, wie wir anderen helfen können, aus ihren Fehlern zu lernen und uns dessen bewusst sein, wie viele Fehler wir selbst machen. Es ist leicht, andere auf ihre Fehler aufmerksam zu machen. Vor allem in Momenten, in denen wir dieselben Fehler gemacht hätten.

Ich habe in den vergangenen Jahren Hunderte, wahrscheinlich Tausende Unternehmerinnen und Unternehmer in meinem Büro sitzen gehabt. Viele haben unglaubliche Fehler gemacht, weil sie es nicht besser wussten, weil ihnen die Erfahrung fehlte oder weil niemand sie darauf hingewiesen hat, dass etwas vielleicht ein Fehler ist. Politiker treten zurück, wenn sie einen kleinen Fehler machen, weil sie unfehlbar sein sollten. Wir hätten in derselben Position wahrscheinlich viel mehr Fehler gemacht. Wenn du von anderen Menschen erwartest, dass sie fehlerfrei sind, dann musst du das auch sein.

> Wer von uns ist ohne
> Fehler? Warum sollten also
> andere fehlerfrei sein?

Räume Menschen ein, Fehler zu machen, denn du bist auch nicht fehlerfrei. Was wäre das für eine wundervolle Welt, in der Fehler zum Leben gehören. All unsere Fehler machen uns zu einem einzigartigen Menschen.

Beschütze ab jetzt dich und deine Träume mit deinen starken Mädels oder Jungs.

16. STRESS IM GRIFF

Stress, Coping, Einsicht

Die wunderbare Welt des Marketings bringt immer wieder Begriffe hervor, die mich schmunzeln lassen. Vor einiger Zeit habe ich etwas von Coping gehört. Wie das immer so ist, wenn man ein Wort zum ersten Mal hört, sind die Assoziationen meistens falsch. Ich dachte zunächst an Copying, also an kopieren. Bei Coping geht es aber nicht darum, den besten Kopierer zu finden, sondern Coping leitet sich vom englischen *to cope* ab und bedeutet »bewältigen«. Aber ich will dir das noch ein bisschen einfacher erklären. Es geht darum, wie du mit herausfordernden Lebenssituationen umgehst. Und da ich ein großer Fan großartiger Tools und Techniken bin, gebe ich dir ein bisschen Input. So hast du neben den Türstehern noch eine Waffe.

Stell dir vor, du hast eine Taktik, die dir hilft, mit emotional fordernden Situationen oder Problemen in deinem Leben umzugehen. Wie eine kleine Anleitung, die dir zeigt, was du wann genau tun kannst. Das wäre schon hilfreich, oder? Jeder von uns geht mit stressigen Situationen anders um und vor allem führen oft ganz unterschiedliche Situationen zu Stress. Den einen stresst die Vorstellung einer Prüfung am kommenden Tag, den anderen stresst die Vorstellung, dass er gleich nochmal in den Supermarkt muss. Das Großartige an Coping ist: Du hast gleich zwei Möglichkeiten, mit Stress klarzukommen. Du kannst das eigentliche Problem überwinden oder Handlungen unterlassen, sodass erst gar kein Stress entsteht. Bei der zweiten Varian-

FELIX:
Für alle Verhaltenspsychologen, denen das zu einfach ist – entschuldigen sie bitte Frau Doktor.

ONKEL SCHMUNZEL:
Als ob irgendein Verhaltenspsychologe dieses Buch kaufen würde.

te versuchst du, das Problem sachlich zu sehen und die emotionale Komponente zu streichen.

Aber weg von wissenschaftlichen Theorien und hin zu Taktiken, die du im konkreten Fall anwenden kannst.

> David Guetta (feat. Kid Cudi) – Memories

Eine erste Möglichkeit, mit Stress umzugehen und seine emotionalen Auswirkungen zu vermeiden, ist Meditation. Wenn du jetzt nichts mit Meditation an der Mütze hast, dann macht das überhaupt nichts, im Gegenteil. Die meisten Menschen haben eine völlig falsche Vorstellung davon, was Meditation ist. Du musst nicht alle Kerzen zu Hause anzünden und dann die Göttin der Achtsamkeit anbeten und parallel noch einen Schal aus Hanfwolle stricken. Ich glaube, bei keinem Thema hatte ich mehr Vorurteile als bei der Meditation. Für mich war das immer etwas, was die Esoterikverrückten machen, die genug Zeit im Leben haben. Leider hatte ich wie so oft unrecht.

ONKEL SCHMUNZEL: König der Vorurteile.

ONKEL SCHMUNZEL: Junge, du bist richtig selbstkritisch.

Beim Meditieren geht es darum, sich zu entspannen und seine Gedanken loszulassen. Wie du das konkret machst, sei vollkommen dir selbst überlassen. Natürlich gibt es Menschen, die eher spirituell meditieren und sehr esoterisch sind. Aber selbst, wenn du mit all dem nichts anfangen kannst, ist Meditation großartig. Ich meditiere sehr gerne, aber nicht wie die meisten es tun. Ich höre dabei auch nicht irgendwelche Klänge oder beruhigende Stimmen. Ich lege mich einfach auf mein Bett, schließe die Augen, atme in Ruhe und konzentriere mich darauf. Am Anfang habe ich in diesem Moment über noch mehr Dinge nachgedacht, weil ich endlich Zeit hatte, mal richtig nachzudenken. Aber heute nutze ich diese Zeit, um einfach mit mir zu sein und zu liegen. Ich mache nämlich sonst nichts, außer zu liegen und zu atmen. Viele Gurus erklären dir, wie du das genau machen musst. Das halte ich für Quatsch. Das Ziel ist, dich zu entspannen und deinen Geist frei von allen Gedanken zu machen. Wie du dieses Ziel erreichst, ist dir selbst überlassen.

> Sieh dich selbst als ein Kraftwerk, das unaufhörlich arbeitet und in dem viele Hunderte Mitarbeiter tagein tagaus zu tun haben.

In der Zeit, in der ich meditiere, kommt das Kraftwerk zur Ruhe: Die Maschinen stehen still, tanken neue Energie und können danach um so effizienter laufen. Ich betrachte die aufgewendete Zeit als Investition in mich selbst. Es kostet mich 15 Minuten, aber bringt zusätzliche Leistung.

Zack bumm, haben wir schon eine Coping-Strategie aus dem Ärmel gezogen. Ein erstes Tool, das dir hilft, Stress und Herausforderungen zu meistern. Meist ist nicht der Stress als solches, sondern die emotionale Auswirkung auf Körper und Geist das Problem, und die bekommst du so am besten in den Griff.

Neben Meditation hilft mir eine weitere Technik, Stress abzubauen. Das mit dem Abbauen passt hier wunderbar. Ich stelle mir vor, dass es in meinem Körper Stress gibt, der alle Zellen füllt und raus will. Manchmal wünsche ich mir, ich hätte ein Ventil am Kopf, das ich aufdrehen kann, um den Stress entfliehen zu lassen. Leider habe ich dieses Ventil nicht am Kopf gefunden, aber dafür woanders. Sport ist für mich eine der besten Möglichkeiten, Stress abzubauen. Ich weiß nicht, ob es daran liegt, dass ich mich persönlich fordere, daran dass ich mich in diesem Moment nur auf den Sport konzentriere oder daran, dass ich an meine Grenzen gehe. In Momenten, in denen ich jogge und die Belastung spüre, weicht der Stress dem Gefühl der Anstrengung. Für Stress ist schlichtweg kein Platz mehr in meinen Zellen und er entweicht. »Den Kopf freimachen« ist ein Ausdruck, der dieses Gefühl genau beschreibt. Selbst wenn du ein Sportmuffel bist, solltest du dir zuliebe, dein eigenes Ventil finden und <u>vielleicht ist dieses für dich auch Sport</u>. Bewegung ist jedenfalls gut.

Aber keine Sorge, ich gebe dir noch ein paar Tools mehr mit auf den Weg. Was mir ebenfalls sehr hilft, ist die soziale Unterstützung durch andere Menschen. Wir sind mit unserem Stress oft allein und hilflos, dabei laufen Milliarden anderer Zweibeiner durch die Welt, die helfen können, und das gleich doppelt. Zum einen hören sie zu und du hast ein Ventil in Form eines Gesprächspartners. Manchmal reicht es schon aus, mit jemandem zu sprechen. Zum anderen kennt dein Gegenüber vielleicht eine Lösung oder ist gar Teil der Lösung. Wenn dein Chef dir immer neue Aufgaben gibt, die dich stressen, dann kann er seine Aufgaben vielleicht anders verteilen. Es gibt also sowohl eine aktive als auch eine passive Einbringungskomponente. Auf deinem Weg zu deinen persönlichen Zielen wirst du solche Tools brauchen.

Ich habe früher immer alles mit mir selbst ausgemacht und am Ende bemerkt, dass ich dann allein damit dastehe. Das bringt dich nicht weiter und reduziert auch keinen Stress. Die Aufgabe eines Mentors oder großen Bruders ist es, mit eigenen Erfahrungen und Ratschlägen an deiner Seite zu stehen. Nicht immer sind Freunde oder Bekannte hilfreich, sondern oft auch Menschen, die sich darauf spezialisiert haben, dir zuzuhören und dir Ratschläge zu geben. Ich will an dieser Stelle ehrlich zu dir sein:

Ich steckte gerade in der nächsten Staffel von *Die Höhle der Löwen* und organisierte den Wahlkampf der CDU in meiner Heimatstadt, als ich mich von meiner damaligen Geschäftspartnerin trennte. Ich hatte das Gefühl, meinen Weg allein weitergehen zu müssen. In den nächsten Monaten konzentrierte ich mich auf die beiden großen Projekte und erledigte nebenbei mein tägliches Business – Coachings, Keynotes und alles andere. Mein Pensum war natürlich jetzt höher, da ich die Aufgaben meiner Kollegin mit übernommen hatte, und das zu einer Zeit, in der mehr zu tun war als je zuvor. Aber ich bin ein Kämpfer. Das sage ich nicht, weil ich so ein toller Hecht bin, sondern weil ich weiß, wie viel ich gleichzeitig schaffen kann. Ich bin organisiert, kann sehr viel arbeiten und bin meist recht effizient. So bildete ich mir ein, dass ich noch weitere Monate durchhalten würde. Leider hatte ich mich maßlos überschätzt. Schon bei der Trennung lief ich auf 120 Prozent, hatte kaum Zeit für andere Dinge und sollte jetzt parallel an einer Fernsehproduktion mitwirken und verantwortlich einen Wahlkampf organisieren. Jedem Außenstehenden wäre das Ergebnis klar gewesen und so kam es, wie es kommen musste. Am Tag nach dem letzten Drehtag wurde ich krank und bekam eine dicke Grippe. Das war genau drei Wochen vor der Wahl, für die ich verantwortlich war. So versuchte ich drei Wochen lang zwischen Fieber und Terminen, alles hinzubekommen. Ein Kämpfer zu sein ist toll, aber in solchen Momenten kann es auch das Gegenteil sein.

ONKEL SCHMUNZEL: Den von der SPD hast du auch schon organisiert – doppelzüngige Schlange.

> Wenn du nicht erkennst, wann
> es an der Zeit ist aufzugeben,
> wirst du immer nur verlieren.

Mit meiner letzten Kraft beendete ich auch dieses Projekt. Ich erinnere mich nur noch schemenhaft an den Monat danach, den ich vorwiegend mit wirren Gedanken im Bett verbrachte. Im Juli erkannte ich dann, dass ich dringend Hilfe brauchte. Wenn dieser Punkt gekommen ist, dann muss bei mir schon eine Menge passiert sein. Ich hatte in dieser Zeit meines Lebens Probleme, mit anderen Menschen über emotionale Themen zu sprechen und wusste nicht, wem ich mich anvertrauen sollte. Noch wusste ich eigentlich, was überhaupt mit mir los war. Ich googelte, fand eine Therapeutin um die Ecke und vereinbarte einen Termin. Ich hatte keine Ahnung, was mich dort erwarten würde, aber ich erinnere mich an das erste Gespräch, als wäre es gestern gewesen. Da saß er nun, der Typ aus dem Fitnessstudio, der fürs Fernsehen arbeitet und vor vielen Menschen Vorträge hält. Eine ihrer ersten Fragen war, wie es mir geht. Da ich über Emotionen überhaupt nicht sprechen konnte, sagte ich ihr, es gehe schon einigermaßen. Leider ließ sie nicht locker und sagte mir, ich solle das doch mal auf einer Skala von 0 bis 100 bewerten. Ich bewertete meinen eigenen Zustand mit 10. Also fragte sie mich erneut, ob denn eine 10 »einigermaßen gut« bedeute und ich musste eingestehen, dass es mir richtig beschissen ging. Das Schlimme daran war jedoch, dass ich nicht wusste, warum. Klar hatte ich zu viel gearbeitet. Aber das kannte ich aus anderen Lebensphasen zur Genüge. Warum fühlte ich mich so fürchterlich? Regelrecht ausgesaugt.

FELIX:
Ein beruflicher Mentor ist im Prinzip auch nichts anderes. Mein Schamgefühl am Anfang war unnötig.

James Morrison – I won't let you go

Viele Gespräche in der Therapie haben mir geholfen, eine Menge Dinge in meinem Leben zu erkennen, Verhaltensmuster zu interpretieren und mich viel besser selbst zu verstehen. Rückwirkend betrachtet war die Therapie eine der besten Entscheidungen meines Lebens.
Natürlich gibt es auch andere Möglichkeiten, mit Stress umzugehen. Viele Menschen greifen zu

Genussmitteln jeglicher Art, von der Schokolade bis zu harten Drogen. Natürlich löst Schokolade keinen Stress auf, aber der Genuss von Dingen, die dir guttun, kann hilfreich sein. Sich nach einem harten Tag einen schönen Abend mit Wein und Schokolade zu machen, kann sehr helfen und ich bin direkt dabei. Natürlich gehören harte Drogen nicht dazu. Sie verschleppen deine Probleme und machen alles schlimmer. Viele Menschen finden Kraft und Lösungsorientierung im Glauben an Gott. Das finde ich bewundernswert, hatte dazu aber immer ein sehr gespaltenes Verhältnis. Wenn du mich fragst, ob ich an Gott glaube, kann ich dir diese Frage nicht richtig beantworten. Ich glaube daran, dass nicht alles Zufall ist und ich glaube daran, dass wir nicht einmal ansatzweise verstehen, was um uns herum passiert. Ob ein Gott, ein Meteorit oder die Marsmenschen verantwortlich sind, kann ich dir nicht sagen. Aber was mir hilft, ist der Glaube an eine höhere Kraft. Etwas, das mir zeigt, dass auch Probleme und Rückschläge einen größeren Sinnzusammenhang haben. Ich gebe dadurch manchmal etwas Verantwortung und damit für mich persönlich auch Druck ab. Gott und ich teilen uns dann die Verantwortung für alles und auch Gott macht manchmal Fehler.

Es gibt Menschen, viele Menschen, die ihren Stress verdrängen oder sich vormachen, sie seien nicht gestresst. Diese kleine Taktik hilft meiner Erfahrung nach nicht dauerhaft. Realität und die Gedankenwelt driften zunehmend auseinander. Man macht sich selbst etwas vor, akzeptiert den Zustand nicht und kommt so der Lösung keinen Schritt näher. Natürlich ist das oft die einfachste Methode, denn ausblenden rückt Dinge in die Schattenwelt. Das Problem ist nur: Sie sind immer noch da und liegen auf dir wie ein unsichtbarer Schleier.

Mir hilft es vor allem zu akzeptieren, dass ich gestresst bin. Das Eingeständnis, dass etwas nicht

FELIX:
Vielleicht ist die Erde auch nur ein Regentropfen in einem Regenschauer einer anderen Welt auf dem Weg zum Boden.

ONKEL SCHMUNZEL:
Und ich bin Darth Vader.

stimmt, ist der erste Schritt zur Auseinandersetzung. Wenn du erst nach einer gewissen Zeit erkennst, dass du über deinen Möglichkeiten gelebt hast, landest du zwangsläufig im Burn-out.

Übrigens ein Mini-Trick: Das englische Wort für gestresst lautet »stressed«. Dreh das Wort doch mal um – auch hier ist das Ganze nur eine Frage des Blickwinkels.

Die Frage ist, woher dein Stress überhaupt kommt. Ich stelle mir manchmal die Frage, ob die Neandertaler auch Stress hatten oder ob sie einfach den lieben langen Tag gechillt haben. Morgens aufstehen und dann raus aus der Höhle, ein paar Äpfel suchen. Danach auf die Jagd gehen und mit den Kollegen ein Schwein erlegen. Schön am Lagerfeuer sitzen und sich den Bauch vollschlagen. Klar, man sollte aufpassen, dass der Säbelzahntiger einen nicht erwischt, aber eigentlich klingt das doch recht entspannt. Keine Viren, kein Finanzamt und kein Chef, der ständig nervt. Okay, es gibt auch weder fließendes Wasser noch Strom und die Partnerauswahl ist auf die drei Frauen des eigenen Stamms beschränkt, mit denen man eigentlich verwandt ist. Aber so im großen Ganzen hatte man wesentlich weniger Verpflichtungen.

Das Wort »Verpflichtungen« ruft in mir schon den kleinen Rebellen auf. Wir müssen jeden Tag so viel machen, dass immer weniger Zeit bleibt, für das, was wir tun wollen.

> Sollten wir nicht mehr das müssen,
> was wir eigentlich wollen?

Natürlich musst du essen, auf die Toilette gehen und schlafen, aber die meisten Menschen verbringen auch den Rest der Zeit mit Dingen, die sie »müssen« und nicht gern tun. Das ist für mich eine fürchterliche Vorstellung. Irgendwann ist man dann

ONKEL SCHMUNZEL: Oder ein Tofutier.

kaputt und hat immer noch nicht alles getan, was man eigentlich müsste. Glaub mir, es gibt immer etwas zu tun. Müssen bedeutet der Definition nach, dass du einem Zwang unterliegst und verpflichtet bist, etwas zu tun. Aber wenn wir ein wenig nachbohren, macht mich das stutzig. Warum? Ich sage es dir:

Wer bestimmt über dein Tun? Wer entscheidet, was du konkret angehst? Du, oder? Klar, der ein oder andere hat einen diktatorischen Arbeitgeber oder einen mehr als anstrengenden Ehemann, aber dennoch sind wir für uns selbst verantwortlich. Aber wie kann es dann sein, dass wir einem Zwang unterliegen oder überhaupt verpflichtet sind, etwas zu tun. Ist das dann nicht unlogisch? Oder setzen wir uns selbst unter Druck und verpflichten uns? Aber wie kann es dann sein, dass uns dieser Zwang stört, stresst und unser Leben mit Aufgaben überfüllt? Ich hoffe, du kannst mir folgen. Du entscheidest über dich selbst und damit auch darüber, welchen Zwängen du dich beugst und welchen Verpflichtungen du nachkommst. Ist es dann angebracht, sich darüber zu beschweren, zu viel zu tun zu haben und uns gestresst zu fühlen?

Wir sind uns oft nicht im Klaren darüber, dass wir das alles selber bestimmen. Klar, es ist auch einfacher, alles auf andere abzuwälzen, aber am Ende des Tages entscheidest du. Dabei spielen nicht nur deine Emotionen eine Rolle, also wie du mit dem Stress umgehst, sondern auch noch ein paar andere Dinge.

Du kennst vielleicht aus dem Physikunterricht das Prinzip von Aktion und Reaktion. Etwas passiert und dadurch passiert wieder etwas anderes – ein bisschen wie mit Dominosteinen. Und das hat eine ganze Menge mit dem Thema Stress zu tun. Schau, wenn du zwei Kinder bekommst, die du zu Top-Sportlern, tollen Musikern und einmaligen Künst-

ONKEL SCHMUNZEL: Sehr professionell ausgedrückt.

ONKEL SCHMUNZEL: Man merkt dir die 4- in Physik gar nicht an. Du Wissenschaftler.

lern machen willst, dann darfst du dich nicht wundern, sie fünfmal pro Woche zum Tennis-, Klavier-, Ballett- oder Sonst-was-Unterricht fahren zu müssen. Du hast dich für die Kinder entschieden, du wolltest, dass sie das alles lernen, dann musst du auch mit der Konsequenz klarkommen, im Auto zu sitzen. Vielleicht ist dies ein drastisches Beispiel für das Prinzip Aktion – Reaktion, aber am Ende gibt es ein Wort, das im Kontext Stress viel zu selten diskutiert wird, nämlich Verantwortung. Du übernimmst die Verantwortung dafür. So oft suchen wir nach Ausreden, die es uns ermöglichen, uns selbst aus der Verantwortung zu ziehen. Die meisten Menschen sind selbst Stressor ihrer eigenen Leben. Das ist sogar wundervoll. Warum? Weil du dadurch eben auch die Verantwortung oder besser die Möglichkeit hast, den Stress wieder loszuwerden. Natürlich sind einige Lebensentscheidungen nicht mehr rückgängig zu machen und natürlich sollst du deine Kinder nicht auf die Straße setzen, aber muss es alles auf einmal sein? Oft gibt es gute Kompromisse, zu denen du bereit sein solltest. Auch auf diese Weise kannst du etwas ändern, wenn du bereit dazu bist.

Wenn du auf deinem Weg merkst, dass du gestresst bist – und unter Stress trifft man meist auch nicht mehr die richtigen Entscheidungen –, dann versuche, dich auf die Taktiken in diesem Kapitel zu fokussieren und nimm dir die Zeit in den richtigen Momenten deiner Reise eine Rast zu machen.

Ziele brauchen nun einmal Zeit und der Akku muss laden. Wenn du ihn nur bis 3 Prozent lädst, ist er permanent leer. Zeit sparst du dadurch nicht, im Gegenteil.

FELIX:
Der Ausdruck passt doch ganz gut. Keiner fährt freiwillig ohne Pause von Hamburg nach Portugal.

17. ZEIT HABE ICH LEIDER NICHT

Zeit, Fokus, Effizienz

Hast du dich schon einmal damit beschäftigt, was in den vergangenen Jahren das Wertvollste für dich war? Mach das mal und du erkennst schnell, wie sich der eigene Anspruch verschoben hat. Damit meine ich nicht, wie Ansprüche sich ändern und dass man früher froh war, ein Dach über dem Kopf zu haben, sondern ich meine damit, was du damals als das Wertvollste in deinem Leben angesehen hast. Was ist die Währung, mit der nach deiner Meinung alles bezahlt werden sollte? Euro? Dollar? Bitcoin? Gold? Oder doch vielleicht etwas anderes? Um unser Leben zu genießen, brauchen wir nicht unbedingt Geld, aber Zeit. Ohne Zeit ist nichts möglich und wir haben immer zu wenig davon.

Ich habe keine Zeit. Keine Zeit darüber nachzudenken, wie ich etwas hätte anders machen können. Alles bewegt sich weiter und der aktuelle Moment ist bald schon wieder Vergangenheit. Wir brauchen mehr Zeit. Mehr Zeit zum Leben, mehr Zeit für Dinge, die uns wichtig sind. Aber unsere Zeit ist endlich. Wie eine Sanduhr, die abläuft. Und diese Sanduhr können wir nicht umdrehen und von vorne laufen lassen. Also müssen wir unsere Zeit so nutzen, dass jedes Sandkorn einen Sinn hat.

Led Zeppelin – Stairway to heaven

Hier ein Versuch: Stell dir einmal für einen einzigen Tag lang vor, dass Zeit deine Währung wäre. Rechne nicht in Geld oder anderen Dingen, sondern in

Zeit. Und überlege dir selbst, wie viel Zeit du für Dinge aufwendest, die dir wichtig sind, und <u>wie viel für andere</u>. Arbeite dafür, mehr Zeit zu haben, damit du diese gewonnene Zeit einsetzen kannst, um noch mehr Zeit zu gewinnen. Und am Ende gewinnst du immer mehr Zeit.

Dafür zuständig ist, oh Wunder, jeder selbst. Also, niemand anders kann für dein Glück oder irgendeinen anderen Sinn sorgen, das kannst nur du. Ich glaube, es gibt viele Menschen, die ihr Glück im Leben eines anderen suchen und sich selbst dabei vergessen. <u>Aber letztendlich kriegt man den Motor nur zum Laufen, wenn man ihn selbst anschmeißt.</u> Nur weil ich weiß, dass ich für mein Glück zuständig bin, heißt das aber noch nicht, dass ich weiß, wie ich vorgehen soll und ob ich die Energie dazu habe. Mein früherer Uniprofessor hat immer gesagt: »Stillstand ist Rückschritt«. Passt das? Ich weiß nicht genau. Irgendwie kann Stillstand auch etwas Schönes sein, oder? Wenn ich gerade das Gefühl habe, dass alles passt, dann will ich nichts ändern, sondern die Situation am liebsten einfrieren. Ich finde, Stillstand ist nur dann Rückschritt, wenn ich mit einer Situation nicht zufrieden bin. Dann sollte ich etwas ändern. Eigentlich ist jeder Moment, in dem ich unglücklich bin und in dem ich nicht versuche, etwas zu ändern, doch verschenkt.

Aber wenn wir etwas ändern wollen, müssen wir unseren <u>Allerwertesten</u> hochbekommen. Nur du selbst kannst etwas ändern und nicht Mami, Papi, dein Freund oder dein Chef. Schon William Shakespeare wusste:

> Gewinnen beginnt mit
> dem Beginnen.[4]

---

4 William Shakespeare (1564–1616)

Schon das allein motiviert, oder? Also komm, ab die Post, das ist ein Motivationskapitel, also musst du mitmachen, sonst können wir uns das Ganze direkt sparen. Schau mal, erfolgreich, reich oder geliebt wirst du nur, wenn du etwas dafür tust. Klar, oft musst du dafür in Vorleistung gehen und manchmal kommt nichts zurück. Aber ist das nicht immer so? Du rollst den Stein dreimal den Berg hinauf und er rollt kurz vor dem Gipfel wieder herunter, aber beim vierten Mal schaffst du es dann, stellst dich oben hin, schwenkst deine Flagge und bist der König der Welt.

Fang nicht morgen an, sondern jetzt. Nur dann bist du dir selbst gegenüber ehrlich. Nicht weil das besser klingt, sondern weil du sonst Zeit verschenkst, die du für andere Sachen brauchst, die dich glücklicher machen. Und wenn du beim ersten Mal hinfällst, dann steh gefälligst auf und versuch es noch einmal. Und denk dran:

> Der Mut, es zu versuchen,
> ist mehr wert, als es am
> Ende geschafft zu haben.

John de Son, Rasmus Hagen – Love you better

Du musst dein Ziel – deinen persönlichen Sieg – natürlich auch benennen. Manchmal befindest du dich mit anderen im Wettstreit. Links und rechts neben dir stehen andere, die das gleiche Ziel haben, und manchmal ist der Preis nur einmal verfügbar. Frei nach dem Motto: Es kann nur einen geben. Wenn du der eine oder die eine sein willst, dann musst du mehr geben als die anderen und länger durchhalten. Gott sei Dank gilt das nicht für alles. Das wäre auch viel zu anstrengend. Du musst einfach anfangen, auch wenn du denkst, dass der

Zeitpunkt dafür nicht der richtige ist. Manchmal kommt DER richtige Zeitpunkt nie und du wartest ewig auf eine beste Situation, die es aber nicht geben wird – also jetzt starten oder nie? Die Entscheidung liegt allein bei dir. Du musst deinen Blick auf das Ziel richten und deine Energie darauf lenken, nur so kommst du dort an. Du lässt dich oft viel zu leicht von anderen, vermeintlich wichtigeren Dingen ablenken. Bei mir fällt mir das gerade bei Dingen auf, vor denen ich mich drücken will. Dann gibt es auf einmal viele scheinbar wichtigere Sachen, die ich unbedingt machen muss. Und auf einmal ist keine Zeit mehr für das, was eigentlich wichtig war. Die Reihenfolge ist falsch. Du solltest mit dem Wichtigen anfangen und nicht mit den weniger wichtigen Dingen. Leicht und schwer sind dabei nicht mit wichtig und unwichtig gleichzusetzen. Manchmal gibt es auch Wichtiges, das du leicht erreichen kannst.

Dabei musst du dich oft selbst motivieren. Du bist der Läufer, aber auch der, der am Seitenrand steht, der dir zuruft, und der am Ziel auf dich wartet. Das alles bist du und niemand anders.

Motivation spielt dabei eine große Rolle. Es gibt intrinsische und extrinsische Motivation. Intrinsische Motivation ist die, die in dir selbst steckt, wenn du dich für etwas motivierst. Und extrinsische Motivation kommt von außen. Rate mal, was stärker ist? Richtig, die Motivation, die wir in uns selbst haben. Natürlich ist es großartig, wenn uns andere unterstützen und uns helfen, Ziele zu erreichen, aber der Hauptteil der Energie kommt aus uns selbst. Also guck, dass du deine Maschine ans Laufen bekommst.

Das Interessante: Motivation beinhaltet das Wort Motiv. Und Motive sind Gründe, etwas zu tun oder sich zu bewegen. Wenn kein Grund vorliegt, gibt es auch keinen Grund, sich zu bewegen. So einfach kann es manchmal sein. Du musst also nach genau diesen Motiven suchen und nicht nach dem nächsten Motivationsseminar. Welches Ziel hast du und wie stellst du dir das Ganze vor? Du wirst doch ein Bild vor Augen haben? Ich finde, das hilft ungemein, weil oft bereits die Vorstellung glücklich macht. Und wie können wir uns am besten etwas vorstellen? Wenn wir es genau vor Augen haben. Also? Lass uns mal eine Runde malen. Ja, das ist mein Ernst, und ja, ich kann nicht malen. Du? Komm schon. Nachdem wir nun schon so viel geteilt haben, können wir das auch. Also, wir malen einfach eine Runde das, was wir als Ziel in unserem Kopf haben. Wo du hinwillst, was du dir für das nächste Jahr wünschst, für die nächste Zeit oder was du gerne hättest. Was du malst, entscheidest nur du. Schnapp dir den Bleistift und mal drauflos. Du. 3, 2, 1, los geht's.

Was hast du gemalt? Lass mal sehen, du Künstler oder Künstlerin. Gefällt es dir selbst? Also nicht deine zeichnerische Kunst, sondern was du da siehst. Also, mein Bild macht mich glücklich. Vor allem die Vorstellung, dass ich das alles irgendwann besitze. Bist du auch auf deinem Bild oder hast du nur Schatztruhen mit Gold und Häuser gemalt? Erzähl mal.

Woher kommt es, dass die meisten Sterbenden sagen, dass sie es bereuen, ihre Zeit für die falschen Dinge eingesetzt oder nicht das gemacht haben, was sie gern getan hätten? Möchtest du irgendwann auf dein Leben so zurückblicken? Ich stelle mir das wie eine Autofahrt von A nach B vor, wobei B das Ende aller Tage ist. Am Anfang der Autofahrt sitze ich hinten im Wagen, weil Mama und Papa fahren und ich noch nicht selbst bestimmen darf. Wenn ich langsam älter werde und ans Steuer darf, pralle ich wahrscheinlich erst einmal gegen die Leitplanke oder gegen andere Autos, weil ich meinen

FELIX:
Ich bin mir bewusst, dass die Hälfte von euch einfach weiterliest. Aber Obacht: Ich sehe dich, weil ich geheime Kameras in das Buch eingebaut habe.

Weg noch nicht kenne. Erst mit ein wenig Erfahrung weiß ich, wo es hingeht, und da bis dahin schon Zeit vergangen ist, will ich die verbliebene Zeit am liebsten doppelt nutzen. Am Ende wird das Auto nämlich langsamer, weil der Motor und die Karosserie nicht mehr so wollen, wie ich es will.

FELIX:
Eigentlich will
ich den ganzen
Absatz kommen-
tieren. Bisher
meine beste Me-
tapher.

ONKEL
SCHMUNZEL:
Noch drei, vier
Bücher und du
hast es drauf.

> Du sitzt am Steuer und
> entscheidest, welche
> Ausfahrt du nimmst.

Auf ein unerfülltes Leben zurückzublicken, ist für mich eine der fürchterlichsten Vorstellungen und etwas, das ich unbedingt verhindern will. Meinen Mentees gebe ich immer eine kleine Aufgabe auf: Ich lasse sie eine Woche – später einen Monat – aufschreiben, was sie tagein, tagaus so tun. Damit meine ich nicht nur berufliche Dinge, sondern alles, inklusive schlafen, essen und Netflix schauen. Mach das doch mal. Es gibt zahlreiche Time Tracking Tools, die dir helfen. So bekommst du schnell eine Vorstellung, wo deine Zeit verschwindet. Oft kommt etwas anderes heraus, als du dir vorgestellt hast.

Natürlich schläfst du ein Drittel deines Tages, aber das ist für mich wie den Akku ans Ladegerät anzuschließen. Ihn früher abzumachen, ist sicher möglich, aber dann ist er nicht richtig voll und diese Power fehlt dir später. Ich habe viel darüber gelesen, wie und wie viel man schlafen soll und ich denke, die meisten Experten sind sich einig, dass es zwischen sechs und neun Stunden sind. Aber es bleiben noch 15 bis 18 Stunden über. Genügend Zeit für eigentlich alles. Und doch haben wir immer zu wenig Zeit? Woher kommt das nur?

FELIX:
24 – 6 = 18
und 24 – 9 =
15 … Du ver-
stehst?

ONKEL
SCHMUNZEL:
Dein Ernst,
dass du das
erklärst?

»Felix, ich brauche einen Tag mit 48 Stunden«, höre ich sehr oft. Leider kann ich dir den nicht schenken, aber ich kann dir zeigen, wie du deine Zeit besser

nutzt, denn mir ging es genauso. Mir fehlte die Zeit
für Sport, für Familie und auch für mein Business
benötigte ich mehr Zeit. Irgendwann kommst du in
einen Teufelskreis, weil Zeit für A weniger Zeit für B
bedeutet. Genau hier hat mir meine Zeitaufstellung
sehr geholfen. Ich will dir erklären, was ich herausgefunden habe:
Zunächst habe ich sogenannte sinnlose Zeiträuber
gefunden. Also Dinge, die mich Zeit kosten. Ich
meine es auch genauso betriebswirtschaftlich. Manche Dinge kosten Zeit. Sie sind keine Investition
und auch keine Quality Time. Was waren das bei
mir für Dinge? Fangen wir mit etwas Banalem an –
dem Reinigen der Wohnung. Das hat mich zwei
Stunden pro Woche gekostet. Das Tolle an solchen
Zeiträubern ist, dass man einige davon eliminieren kann. Ich habe also eine Putzfrau beschäftigt.
Das ist bisher kein Life-Hack, aber zwei Stunden
pro Woche zu gewinnen, ist sehr hilfreich. Ich stelle mir vor, dass zwei Stunden auf die Habenseite
wandern. Noch lasse ich diese Zeit uninvestiert und
entscheide später, was ich damit mache. Das nenne
ich die *Eliminationsphase*. Was habe ich noch auf
meiner Liste gefunden?
Nun, ich war in einem Fitnessstudio angemeldet,
zu dem ich jeden zweiten Tag 20 Minuten mit dem
Auto gefahren bin – hin und zurück. Das macht zwei
Stunden pro Woche. Ein anderes Studio war fünf
Minuten entfernt. Mein vorheriges Studio fand ich
zwar ein wenig besser, aber 1,5 Stunden Lebenszeit
pro Woche waren mir mehr wert. Du kannst also
die eingesparte Zeit auch gegen den potenziellen
Nachteil auf anderer Ebene verrechnen und dann
eine Entscheidung treffen. Die Phase nenne ich
Optimierungsphase.
Natürlich sind nicht alle Punkte auf unserer Liste so
einfach zu lösen oder zu optimieren, aber ich fange
gerne mit solchen Beispielen an, weil der Einstieg

FELIX:
Hallo?! Ich habe
allein gewohnt
und fast nur
auswärts ge-
gessen, da geht
das schnell.

ONKEL
SCHMUNZEL:
Drecksbude.

FELIX:
Hatte ich wohl
Mathe im Ab-
itur?

ONKEL
SCHMUNZEL:
Und Listener-
stellung.

einfacher ist. Ein großer Zeitfresser für mich war Social Media, nicht nur das beruflich wertvolle Surfen, sondern mehr oder weniger sinnfreies Herumsurfen, ohne genau zu wissen, was ich da eigentlich tue. Da dein Handy sicher auch Zeiten tracken kann, kannst du das ja nachschauen. In meinem Fall waren das fast zwei Stunden am Tag. Nicht alles davon konnte ich einsparen, aber durch einen guten Social-Media-Manager konnte ich eine Stunde pro Tag auf die Habenseite verschieben. Vielleicht wirst du jetzt erwidern, dass du kein Geld für einen Social-Media-Manager hast, und das ist völlig okay. Dennoch kannst du hier optimieren. Wir produzieren unsere Social-Media-Inhalte einmal im Monat und nur an diesem Tag stehe ich vor der Kamera. Früher habe ich permanent neue Inhalte produziert. Hier passt der Spruch »Alles eine Frage der Planung« perfekt. Zu oft lassen wir Ausreden wie Geld gelten und berauben uns selbst der Möglichkeit, Zeit zu sparen. Das gilt sowohl beruflich als auch privat.

Dabei spielen zwei Begriffe für mich eine besondere Rolle – Effektivität und Effizienz. Kaum jemand kennt den Unterschied richtig und dennoch helfen sie dir bei deiner Zeitplanung unglaublich.

FELIX:
Noch ein kleiner Tipp: Schirm dich vor fremden Einflüssen ab. Wenn du Dinge fokussiert angehst und dich nicht ablenken lässt, bist du wesentlich effizienter. Stell dir vor, du sitzt unter einer Glocke.

FELIX:
Du darfst den Satz gerne dreimal lesen.

> ## Effektivität bedeutet, die richtigen Dinge tun, Effizienz, die Dinge richtig zu tun.

Um es noch einfacher zu sagen: Effektiv zu sein bedeutet, die Aufgaben zu finden, die dich deinem Ziel näherbringen, und effizient zu sein, die Dinge mit möglichst geringem Aufwand zu erledigen, also mit optimiertem Aufwand. Wenn du zum Beispiel 100 Kunden befragen willst, ob dein Produkt großartig ist, ist sowohl eine Haustürbefragung als auch eine Onlineumfrage zielführend – beides ist so gesehen effektiv. Wenn dein Ziel jedoch einfach

100 durchgeführte Befragungen sind, egal auf welche Art, ist die Onlinemethode sicher effizienter, weil sie dich mit weniger Aufwand zum Ziel bringt. Und genau darum geht es: Viele Menschen sind zwar effektiv, aber beileibe nicht effizient. Auch du wirst eine Menge Beispiele auf deiner Liste finden. Wenn du also zehn Stunden pro Woche im Fitnessstudio verbringst, um abzunehmen, weil du jeden Tag Schokolade isst, ist das zwar löblich, aber es wäre wesentlich sinnvoller, keine oder zumindest weniger Schokolade zu essen. Oder vielleicht statt ins Fitnessstudio zu gehen, einfach laufen zu gehen und die Anfahrt ins Studio zu sparen. Diese Phase nenne ich *Effizienzphase*.

Du kannst also recht optimiert sein und effektiv auf dein Ziel zuarbeiten, aber das muss noch lange nicht effizient sein. Wenn du dein Ziel kennst, egal ob privat oder beruflich, dann such nach den Dingen, die du bisher dafür tust und frage dich, ob es eventuell einen effizienteren Weg gibt, dein Ziel zu erreichen.

Versuche, Zeit zu gewinnen, indem du Zeiträuber eliminierst, Dinge optimierst und effizientere Wege findest. Dann hast du am Ende nie das Gefühl, dir hätte Zeit gefehlt, denn davon hast du genug: Es kommt nur darauf an, wie du sie einsetzt – tick tack, tick, tack. Wenn ich auf meine Armbanduhr schaue, sehe ich die Sekunden vor sich hin tickern. 56, 57, 58 … Hast du eine Uhr zu Hause? Eine, die auch Sekunden anzeigen kann? Bestimmt. Dann hol sie mal.

Wehe du hast das jetzt nicht gemacht. Schau dir den Sekundenzeiger an und beobachte, was passiert. Wie er unermüdlich weiter springt und fortlaufend seinen Weg geht. Dabei entspricht eine Sekunde circa einem deiner Herzschläge. Jeder dieser Momente ist in der nächsten Sekunde Vergangenheit und kehrt nie mehr wieder. Ohne ein

FELIX:
Auch hilfreich: Stell dir mal vor, ob es einen anderen Weg zu deinem Ziel gibt und frage dich dann, ob der vielleicht besser ist.

Experte in Achtsamkeit zu sein, hilft mir diese Vorstellung sehr. Jeder dieser kleinen Momente ist nur einmal da. Der 20.7.1921 um 11.03 Uhr und 27 Sekunden ist ein Moment, der Vergangenheit ist. Das Beobachten des Zeigers ist eine der hilfreichsten Tools, die ich persönlich nutze, um mir sowohl die Endlichkeit als auch die Bedeutung des einzelnen Moments vor Augen zu führen.

Vor ein paar Jahren habe ich die Entscheidung getroffen, mehr Zeit für die Dinge aufzubringen, die mir viel bedeuten, mich glücklich machen, und auf diese Weise mehr »Felix-Zeit« in meinem Leben zu haben. Das kannst du auch Quality Time nennen, wenn du magst. Ich habe mir dazu eine kleine Liste gemacht und schnell bemerkt, dass »Felix-Zeit« zu selten im »Felix-Kalender« steht. Das hat am Anfang zu sehr seltsamen Situationen geführt. Ich erinnere mich an ein Konzert, auf dem ich war, dass mir nicht gefallen hat. Keine Sorge, ich bin nicht auf die Bühne gestürmt, aber ich bin gegangen. Früher hätte ich mir selbst 100-mal gesagt, dass das nicht geht. Ich habe ein Ticket gekauft, ich habe mich selbst entschieden hinzugehen, alle sehen, dass ich gehe – Gründe zu bleiben, gibt es genug. Ich habe mir in vielen ähnlichen Situationen eingeredet, dass ich das nicht tun darf und habe an mein <u>Durchhaltevermögen appelliert</u>. Aber weißt du was? Das hat nichts mit Durchhaltevermögen zu tun. Wofür solltest du Dinge durchhalten, die dich weder glücklich machen noch weiterbringen. Damit meine ich nicht, dass du nach zwei Minuten die Flinte ins Korn wirfst, sondern dass du Dingen eine Chance gibst, aber wenn ausreichend Zeit vorbeigezogen ist, darfst du auch bereit sein, loszulassen oder zu gehen. Ich bin an dem Abend wieder nach Hause gegangen und habe einen schönen Abend mit mir selbst auf der Couch verbracht. Ich habe nie bereut, dass ich gegangen bin.

FELIX:
Durchzuhalten bedeutet eben nicht, verbohrt etwas durchzuziehen, was du gar nicht willst.

Dasselbe gilt für unendlich viele Meetings und Telefonate, in denen ich nach fünf Minuten wusste, dass sie für mich sinnlos sind. Ich verwende bewusst das Wort sinnlos. Sie erfüllen keinen Sinn. Wie du deinen Sinn definierst, darfst du selbst beurteilen. Viel zu oft halten wir etwas durch, weil uns irgendjemand gesagt hat, dass wir durchhalten müssen oder dass das Leben eben so ist – das ist Unsinn. Wenn du einer Sache Zeit schenkst, dann erwarte auch, dass diese Sache deine Zeit wert ist oder dieser Mensch deine Zeit wertschätzt. Du machst schließlich ein Geschenk, weil du diesen Moment nur einmal vergeben kannst.

FELIX:
Der Begriff passt hier doppelt. Unsinn – ebenfalls ohne Sinn.

> Wer deine Zeit nicht wertschätzt,
> hat sie auch nicht verdient.

Ich verschenke sehr gerne Zeit, auch Zeit, ohne eine konkrete Gegenleistung zu erwarten. Was du sehr wohl erwarten solltest, ist Wertschätzung, denn das ist das mindeste, das du für deine Zeit bekommen solltest. Das mache ich auch beruflich, was oft zu seltsamen Situationen führt. Ich habe früher endlos viele Kooperationsgespräche geführt, in denen es galt herauszufinden, ob es Schnittpunkte einer Zusammenarbeit gibt. »Lass uns doch mal einen Kaffee trinken gehen.« Schon mal gehört? Ich gehe mit Freunden oder meiner Familie Kaffee trinken. Aber mit einem Geschäftspartner tue ich das nur, wenn mir sehr klar ist, dass meine Zeit gut investiert ist. Die Betrachtung von Zeit als Investition gefällt mir sehr gut. Eine Investition ist per Definition etwas, von dem du einen positiven Rückfluss erwarten darfst. Das unterscheidet eine Investition von Kosten. Im Kostenfall weißt du nicht, inwieweit etwas zurückkommt. Ich suche bewusst nach lohnenden Investitionen meiner Zeit, genau wie ich es mit meinem Geld tue. Wenn du diesen Punkt verstehst und

FELIX:
Beruflich definiere ich vor jedem Gespräch das Ziel, das ich erreichen möchte. Wenn es kein Ziel gibt, dann gibt es auch kein Gespräch.

ONKEL SCHMUNZEL:
Du bist aber auch ein taffer Business-Typ.

den Blick auf deine Uhr richtest und dir über dein Investment im Klaren bist, wirst du fortan privat und beruflich ganz anders mit deiner Zeit umgehen.

Der Rückfluss deiner Investition kann dabei unterschiedlich sein. Ein Lachen, Dankbarkeit oder Nähe im privaten Bereich. Ein Auftrag, eine gemeinsame berufliche Zukunft oder mehr Kunden im beruflichen Alltag – du entscheidest, was zählt. So kannst du dich jederzeit selbst fragen, ob dein Zeitinvest ein gutes oder kein gutes war. Viele Menschen suchen die Schuld bei anderen und vergessen, dass sie selbst darüber entscheiden, wie sie ihre Zeit investieren. Du entscheidest, aber du bist dann bitte auch verantwortlich.

Ich erinnere mich an meine Schulzeit und viele anstrengende Jahre auf dem Gymnasium. Ich hatte samstags noch Schule, während andere mit dem Skateboard durch die Stadt rollten oder im Bett lagen. Ich erinnere mich an das viele Lernen vor dem Abitur, an 13 Schuljahre und unendlich viele Klausuren. Wie oft habe ich das alles verflucht. Rückwirkend hat mir mein Abitur aber mein Studium und letztendlich auch meine erfolgreiche Selbstständigkeit ermöglicht. Der Weg hierhin, hätte definitiv auch ein anderer sein können. Vielleicht hätte ich das auch ohne Schulabschluss geschafft, die Chancen wären aber nach meiner Meinung nach schlechter gewesen.

Dazu passt eine kleine Geschichte, die ich erst vor Kurzem erlebt habe:

Ich war nach einem Vortrag noch im Supermarkt, <u>um mir ein paar Sachen zu kaufen</u>. Auf einmal spricht mich der Kunde hinter mir an der Kasse an und fragt mich, ob ich nicht Felix Thönnessen sei. Der selbstbewusste Teil in mir, dachte natürlich gleich, dass er wohl ein Buch gelesen oder einen Vortrag von mir besucht hat. Aber dem war nicht so. Es stellte sich heraus, dass wir zusammen zur Schule gegangen

ONKEL SCHMUNZEL: Starker Nebensatz Felix, was hättest du da sonst machen sollen?

sind, bis er in der achten Klasse das Gymnasium verlassen hat. Ich erinnere mich noch genau an ihn, weil er immer der Coole war, der sich mit den Lehrern anlegte oder einfach nicht da war. Seit der achten Klasse hatte ich ihn nie wieder gesehen und auch nichts mehr von ihm gehört. Ich fragte ihn, wie es ihm geht und nachdem wir beide bezahlt hatten, blieben wir noch ein paar Minuten stehen und sprachen weiter. Er erzählte mir, dass er damals noch zweimal die Schule gewechselt und dann mit 17 Jahren ohne Abschluss die Schule abgebrochen hat. Zehn Jahre später erkannte er dann irgendwann, dass das eine falsche Entscheidung gewesen war und machte mit 30 seinen Schulabschluss nach. Das klingt vielleicht nach der typischen Situation »fleißiger Schüler trifft Rebellen« wieder. Aber dem war nicht so. Er erzählte von vielen harten Jahren, in denen er weder Geld noch eine Arbeit hatte. Ich merkte, dass ihm das ein wenig unangenehm war, aber ich ermutigte ihn, weiter zu erzählen und sagte ihm, er können stolz darauf sein, seinen Abschluss nachgeholt zu haben. Er berichtete, wie sehr er mich in der Schulzeit bewundert habe und ich hatte das Gefühl, er mache sich über mich lustig. »Du warst immer so zielstrebig, ohne ein Streber oder Schleimer zu sein«.

Ich war ein wenig perplex. War das der coole Typ, mit dem ich in der Schule gerne getauscht hätte? Aus dieser Situation habe ich für mich eine Menge mitgenommen.

Du investierst deine Zeit, aber wie das auch mit anderen Investments ist, weiß du oft nicht, ob es sich später lohnen wird. Der Rückfluss eines Investments kann sehr weit in der Zukunft liegen.

Hättest du mich als Schüler gefragt, ob meine Zeit sinnvoll eingesetzt ist, hätte ich definitiv Nein gesagt. Auch rückwirkend kann ich sagen, dass es viele Stunden in der Schule gab, die sich nie rentiert haben. Aber im Großen und Ganzen hat mir

FELIX:
Der ich nicht war.

ONKEL SCHMUNZEL:
Streber.

FELIX:
Nicht.

ONKEL SCHMUNZEL:
Doch.

mein Abitur geholfen. Du solltest dich also bei deinen Zeitinvests fragen, wie die Amortisationszeit aussieht. Die Amortisationszeit ist die Zeit, bis sich dein Investment wieder eingespielt hat. Dabei gibt es Dinge, die sich schon am nächsten Tag gelohnt haben, solche, die sich erst nach Jahren als lohnend herausstellen und auch solche, die sich nie lohnen. Mein alter Schulkamerad hat sich damals entschieden, seinen Fokus nicht auf die Schule zu legen. Er hat nicht viel Zeit investiert und erst später bemerkt, dass diese Entscheidung rückwirkend falsch war, obwohl sie sich damals richtig angefühlt hat. Während alle auf der Schulbank geschwitzt haben, war er Eis essen.

Das kannst du auch auf Sport oder Fitnesstraining anwenden. Als Teenager wollte ich Bundesligaspieler bei Borussia Mönchengladbach werden, aber auf mehr als zweimal pro Woche Fußballtraining hatte ich keine Lust. Die kurzfristige Auswirkung war, dass ich mehr Zeit für Partys hatte, die langfristige, dass ich kein Bundesligaspieler geworden bin.

Größe zeigt sich für mich darin, Jahre später einen Schritt zurückzumachen, einzusehen, dass eine Entscheidung falsch war, und sie selbst zu korrigieren.

> Du findest die fehlende Zeit der
> Vergangenheit in der Zukunft.

Wo hast du in deinem Leben vielleicht zu wenig Zeit investiert? Wie sehr bist du bereit, diese Zeit jetzt zu investieren? Für viele Dinge steht dir diese Zeit immer noch zur Verfügung, du musst sie dir nur nehmen. Es bringt nichts, etwas zu bedauern, sondern das Heft in die Hand zu nehmen und jetzt die Veränderung selbst anzugehen.

Oft denken wir, dafür sei es zu spät. Das ist nicht wahr, wenn wir beginnen, ehrlich zu uns selbst zu sein. Häufig ist dieses Argument nur ein Vorwand und kein berechtigter Einwand. Warum solltest du mit 30 deinen Schulabschluss nachmachen, nachdem du die Schule fast 15 Jahre zuvor verlassen hast? Weil weitere 50 Jahre vor dir liegen, in denen du dieses Investment nutzen kannst. Ist das nicht eine viel längere Zeit?

Ja, vielleicht hast du Menschen in deinem Leben verloren, denen du gerne mehr Zeit geschenkt hättest, was du jetzt nicht mehr kannst. Aber vielleicht findest du in deinen Gedanken eine Möglichkeit, diesen lieben Menschen Zeit zu schenken. Wie oft denke ich an meinen Großvater und frage mich, wie er in einer bestimmten Situation handeln würde. Ich tausche mich dann mit ihm aus und er gibt mir Ratschläge. Das funktioniert, weil ich ihn so gut kenne, dass ich weiß, wie er gehandelt hätte. So ist er immer noch bei mir und ich habe einen Mentor mehr.

Neben dem reinen Zeiteinsatz kommt es darauf an, wie du Zeit wahrnimmst und wie aufmerksam du mit jedem Moment umgehst. Das ist für mich die Definition von Achtsamkeit, den achtsamen Umgang mit dem, was passiert – in meinem Umfeld und in allem um mich herum. Das kannst du dir vor allem mit deinem Atem bewusst machen. Auch hierzu eine Mini-Übung:

Atme einmal richtig tief ein, viel tiefer, als du das sonst tust. Konzentrier dich auf deinen Atem und darauf, wie die Luft in deine Lungen fließt. Atme aus und beobachte, wie die Luft deinen Körper wieder verlässt. Atme jetzt noch tiefer ein und halte die Luft in deinen Lungen. Sei dir bewusst, wie sie jede Ecke deiner Lunge füllt und diese sich weitet und deinen ganzen Brustkorb hebt. Wiederhole das gerne langsam drei Mal oder so oft es sich für dich gut anfühlt. Das mache ich sehr oft: Es macht mir bewusst, was ich für eine Maschine bin.

FELIX:
Hier würde ich dir gerne einen Schubser geben. Ich habe Menschen, die 70 Jahre sind und sich jetzt selbstständig machen, in meinem Büro sitzen. Es ist erst dann zu spät, wenn du tot bist.

FELIX:
Es bringt dir nämlich nichts, wenn du mehr Zeit gewinnst, aber mit ihr nicht achtsam umgehst.

ONKEL SCHMUNZEL:
Der hätte von mir sein können.

In gestressten Situationen prusten wir die Luft aus unserem Körper. Oder wir holen tief Luft, wenn etwas Anstrengendes bevorsteht oder wir uns beruhigen müssen. Sauerstoff ist unser Lebenselixier, ohne das wir nicht leben können. Dennoch widmen wir unserer Atmung eigentlich keine bewusste Zeit und gehen damit nicht achtsam um. Oder denkst du oft am Tag über deine Atmung nach? Wahrscheinlich nicht, oder? Wenn du dir aber bewusst Zeit nimmst und alles andere sein lässt, hast du eine erste Achtsamkeitsübung für dich gefunden, der du eh schon nachgehst, nur ab jetzt achtsamer. Während ich das so schreibe, habe ich das Gefühl ein Esobär würde mit mir reden, weil ich immer eine Entschuldigung dafür suche, so etwas mit dir zu teilen. Was für ein Quatsch. Mir helfen diese kleinen Dinge immens, warum also nicht auch dir? Solche kleinen Tricks geben dir Ruhe und Gelassenheit, weil du dir bewusst Zeit für etwas nimmst. Und genau darum geht es: Sich Zeit für eine Sache nehmen. Aber nicht, indem man noch hundert andere Dinge parallel tut. Oft sind wir von Reizen und Eindrücken überflutet. Wenn dir eine Sache wichtig ist, dann schenke ihr all deine Aufmerksamkeit. Das gilt sowohl für andere Menschen als auch für dich selbst. Du solltest zuallererst dir Zeit schenken. Während ich hier mit dir sitze, schreibe und Musik höre, merke ich, wie sehr ich diese Zeit genieße. Die Zeit mit dir, mir und diesen Zeilen auf unserer Reise. Zeit, die mich entspannen lässt, mich glücklich macht und ein sehr lohnendes Investment ist.

Als der Verlag mich für dieses Buch angefragt hat, war mein Gedanke nicht, wie viel Geld ich mit dem Buch verdienen würde, sondern wie viel Zeit ich mit mir verbringen darf. Zeit mit den Füßen auf dem Tisch, einem leckeren Getränk neben dem Laptop und einem Lächeln im Gesicht. Das ist mehr wert

ONKEL SCHMUNZEL: Kaufen sie dieses Kuscheltier jetzt online und erhalten sie gratis zehn Räucherkerzen dazu.

als jeder Euro auf dem Konto. Es ist wie so oft eine Frage des Blickwinkels.

Ein kleines PS: Ich führe in letzter Zeit häufiger Selbstgespräche. Das hilft mir ungemein, Probleme zu lösen und Stress abzubauen. »Eh Felix, komm lass mal überlegen, was können wir jetzt machen.« Ich berate mich selbst.

ONKEL SCHMUNZEL: Der nächste Schritt zum Wahnsinn. Ich biete mich als Gesprächspartner auch an.

18. DEIN BLICK AUF DIE DINGE

Blickwinkel, Möglichkeiten, Werte

»Ich bin Realist«, sagte der Pessimist und versuchte erst gar nicht sein Glück. So oder ähnlich geht es vielen Menschen jeden Tag. Realismus ist das Wort dafür, dass Dinge »realistisch« nicht machbar sind. Da das Eintreten des erhofften Zustands unter normalen Umständen nicht möglich erscheint, ist der Versuch allein schon sinnlos und Energieverschwendung. Realismus ist vollkommen in Ordnung und mit einer rosaroten Brille durch die Welt zu laufen, ist auch keine Lösung. Aber alles negativ zu betrachten, um möglichst nicht enttäuscht zu werden, ist noch weniger eine Lösung. Wenn du dich jetzt ertappt fühlst, lies unbesorgt weiter.

Genau dieser realistische Blick auf die Dinge entscheidet, ob wir weiterkommen auf unserem Weg oder stehen bleiben, weil uns der Glaube fehlt. Ich erinnere mich, dass wir uns im Deutschunterricht in der Schule mit dem Realismus auseinandergesetzt haben. Realismus war die Literaturepoche, in der nichts beschönigt oder ausgeschmückt wurde. Die Autoren versuchten beim Schreiben, nah an der Wirklichkeit zu bleiben. Zu Träumen und an Ungewöhnliches zu glauben, erlaubten sie sich nicht. Eigentlich kein Zustand, den wir uns erhoffen, oder? Woher kommt es dann, dass so viele Menschen den Begriff Realismus und das realistische Denken für sich proklamieren? Natürlich ist es ein Wagnis, sich auf Neues einzulassen, genauso ist es ein Wagnis, an Übernatürliches zu glauben, aber nur durch

FELIX: Eigentlich ein großartiges Wort. Wagnis beinhaltet »wagen«.

Wagnisse entstehen die Dinge, die uns berauschen und begeistern.

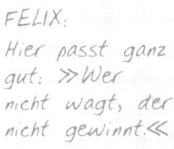

Wusstest du, dass Menschen, die Dinge optimistischer sehen, auch mehr erreichen als Menschen, die mehr negativ bewerten? Optimistische Menschen werden auch weniger krank. Eigentlich ein wenig verrückt, oder? Nur durch unseren Verstand schaffen wir es, unseren Körper vor negativen Einwirkungen aller Art zu schützen. Die Einstellung zu bestimmten Themen beeinflusst aktiv unser Lebensgefühl. »Ich werde nie krank«, verankert sich tief in deinem Bewusstsein und stärkt den Glauben daran. Ob dein Glaube nun dazu führt, dass du dich vor kranken Menschen schützt oder morgens einen Super-Smoothie trinkst oder du an den positiven Einfluss deines Bewusstseins auf deine Gesundheit glaubst, spielt keine Rolle. Das Ergebnis ist das Gleiche. Interessanterweise beeinflusst eine grundsätzlich positive Einstellung auch deine zwischenmenschlichen Beziehungen:

Wie verhältst du dich, wenn du jemand Neues kennenlernst, zum Beispiel, wenn ein Freund einen Arbeitskollegen zum Fußballabend mitbringt oder deine beste Freundin ihre Cousine ins Café mitbringt? Bist du dieser neuen Bekanntschaft positiv, negativ oder neutral eingestellt? Überwiegt die Skepsis gegenüber fremden Personen oder freust du dich, dass noch jemand mitkommt? Eigentlich solltest du jedem eine Chance geben, dich zu überzeugen, dass er oder sie ein netter Mensch ist. Wobei »überzeugen« in dem Kontext sogar falsch ist. Warum sollte die Person dich überzeugen müssen? Solltest du ihr gegenüber nicht positiv eingestellt sein? Sie fühlt sich wohler, wenn du ihr gegenüber positiv auftrittst. So sorgst du gleich für bessere Stimmung und davon hast du auch etwas, oder? Gutes zieht Gutes an, wie auch positive Gedanken, positive Ergebnisse produzieren. Wenn du in solchen Situationen öfter lächelst, bekommst du dabei gleichzeitig auch gute Laune. Natürlich verlangt niemand von dir, dass du ständig mit einem ungebrochenen, positiven Grundverständnis an alles herangehst. Aber der Nutzen – und darüber solltest du dir im Klaren sein – liegt meist bei dir.

Alles ist möglich.

Mit einer positiven Grundeinstellung erreichst du das Ziel deiner Wünsche viel eher als mit einer negativen Grundeinstellung. Du kannst diese Kraft nutzen, um Dinge zu verändern. Leider kämpfst du manchmal allein gegen hundert Windmühlen, aber wenn du nur eine davon zum Einsturz bringst, hat sich der Kampf gelohnt. Es gibt tausend Dinge, die ich nicht nachvollziehen kann und auch nicht verstehen will, egal, ob mir das jemand hundertmal erklärt.

FELIX:
Spürst du den
Aufruhr?

Vize, Laniia – Stars

Oft lasse ich meinen Blick über alles schweifen, was mich umgibt und versuche, das Gute, das Positive darin zu sehen. Dafür nehme ich mir bewusst Zeit und halte sie so gedanklich an. Also, meine Zeit läuft weiter, aber alles andere bleibt stehen. Ich habe endlich die Zeit, mir alles ganz genau anzuschauen – jedes Detail. Kannst du dir das vorstellen? Du gehst zwischen allen anderen Menschen hindurch, während sie mit offenem Mund mitten auf der Straße stehen oder du sitzt allein im Café.
Aber warum erzähle ich dir das? Damit wir Zeit haben, uns gewisse Dinge in Ruhe anzuschauen und zu überprüfen, ob unser erster Eindruck der richtige war. Denn glaub mir, oft ist der erste Eindruck komplett falsch oder sogar das Gegenteil von dem, wie es wirklich ist. Manchmal schleppen wir etwas in einem negativen Bewusstsein mit uns

ONKEL
SCHMUNZEL:
... und du
klaust dir ein
riesiges Stück
Schokoladentorte.

herum, das eigentlich gar nicht negativ ist. Nutzen wir die Zeit, Dinge zu hinterfragen, uns tiefer damit auseinanderzusetzen oder sie komplett umzudrehen. Das kannst du mit deiner Wohnung, deiner Beziehung, Freunden oder deinem Auto machen. Vor allem aber betrifft es deine Art, andere Menschen zu betrachten.

Glaubst du, es gibt Menschen, die auf einer höheren Stufe stehen als du selbst? Dass er oder sie mehr wert oder wichtiger ist oder einfach ein paar Stufen weiter oben steht? Glaubst du das? Wer soll denn über dir stehen? Ja, manche Regierungschefs haben mehr zu sagen als du und mehr Macht. Na und? Was heißt das jetzt? Dass die besser sind? Quatsch. Wir sind gut in dem, was uns ausmacht, und auch das ist eine Frage der eigenen Betrachtung.

FELIX:
Dann hast du leider einen Sockenschuss.

ONKEL SCHMUNZEL:
Draufgänger.

Bewertest du etwas positiv oder siehst du das Schlechte darin? Darüber entscheidet nicht nur, ob du Optimist oder Pessimist bist, sondern wie deine eigene Lebenseinstellung aussieht.

> Erwarte viel von dir, aber
> nicht Unmögliches.

Du musst mit dem, was du erreicht oder versucht hast, glücklich sein und nicht nur nach Dingen streben, die unerreichbar sind, sonst wirst du nie glücklich.

Lady Gaga, Bradley Cooper – Shallow

Wenn ich die Zeit anhalte, um meinen Blick auf die Dinge zu hinterfragen, mache ich noch etwas anderes. Dafür brauchst du jetzt den Bleistift und ein Blatt. Schreib bitte deinen Namen auf das Blatt – wohin und so groß du willst.

ONKEL SCHMUNZEL:
Mach jetzt.

Nun überleg mal, welche Dinge dich in deinem Leben so umgeben. »Umgeben« meine ich nicht räumlich, sondern ich meine das, was dich in deinem Leben begleitet, dir beisteht, an deinem Leben teilhat. Das können Freunde, Gegenstände oder sonst was sein. Das alles schreibst du irgendwo auf das Blatt. Du kannst auch ein kleines Symbol malen. Ein Strichmännchen für Menschen, ein Haus für die Wohnung, zwei nackte Roboter oder was auch immer.

Fertig? Gucken wir uns an, was du gezaubert hast. Was hast du aufgeschrieben und vor allem, was hast du gemalt? Welche Dinge hast du nah an deinen Namen geschrieben und welche weit weg. Was hast du irgendwo dazwischen gequetscht? Weißt du noch, was du als Erstes geschrieben hast und was ganz zum Schluss? Allein daran lässt sich eine Menge erkennen. Aber wir wollen uns das Ganze aus einem anderen Blickwinkel anschauen.

Such dir mal einen bestimmten Begriff heraus und sag mir, ob dich das, der oder die glücklich macht. Eine Wohnung sollte nicht nur das Dach über dem Kopf sein, sondern auch Heimat. Ein Bruder sollte nicht nur ein Bruder sein, weil er die gleiche Mutter hat, sondern ein ganz besonderer Mensch.

Natürlich ist das einfach gesagt, und so einfach wird es nicht bei allem, aber vielleicht findest du etwas, das dich nicht glücklich macht, das du aber ändern kannst, oder etwas, bei dem du selbst einen Schritt tun musst, um es statt »neutral« als »glücklich« zu bewerten. Gehe ruhig alle Punkte durch und überlege, wo du was tun kannst, oder wo vielleicht etwas Bestimmtes keinen Platz auf deinem Zettel haben sollte. Wir finden bestimmt etwas und ich helfe dir gerne dabei, und wenn es nur symbolisch ist. Ich habe eine Sache gefunden und die ändere ich jetzt. Du brauchst für alle diese Dinge Kraft. Kraft und die Bereitschaft, sich damit auseinanderzusetzen. Die Kraft zu haben, zwei Schritte zurück, drei nach links oder eben einen großen nach vorne zu machen.

ONKEL SCHMUNZEL: Voll Genderkonform.

FELIX: Wenn der Wunsch da ist, es durchzustreichen, ist das ein starkes Signal.

Hast du die Kraft? Wie fühlst du dich gerade? Stark und motiviert oder schwach und ausgebrannt? Wie viel Kraft ist in dir? Du bist dein eigenes Kraftwerk oder eben dein Windrad, je nachdem was du besser findest.
Es gibt ein schönes Zitat von Buddha:

> Wir sind, was wir denken.
> Alles, was wir sind, entsteht
> aus unseren Gedanken.[5]

ONKEL SCHMUNZEL: Auch hier holst du geschickt alle Lesergruppen ab. Team Atomkraft und die Ökos mit erneuerbarer Energie.

Eigentlich ist das Zitat eine Art Zusammenfassung dieses Kapitels. Mit deinen Gedanken und deinem Blick auf die Dinge formst du deine Welt. In deinen Gedanken ist alles möglich, du musst dich nur fragen, wie weit du zu denken bereit bist. Während positive Gedanken dich beflügeln, führen negative Gedanken dazu, dass du stehen bleibst oder besser noch, sich alles zusammenzieht. Du beschäftigst dich dann nur noch mit diesen negativen Gedanken und siehst links und rechts nichts mehr. Im Prinzip ist das nicht einmal schlimm. Es führt dazu, dass du dich auf diese negative Sache fokussierst und deine Energie dorthin lenkst. Jedoch musst du dich der Situation auch stellen und etwas tun. Zu oft verweilen wir untätig und schauen uns das Problem nur an, statt es zu lösen.

FELIX: Wie ein übermächtiger Gegner, der dich zurückweichen lässt.

Auch hier ist die Betrachtungsweise ausschlaggebend. Beispiel gefällig? Gerne.
Du hast keinen Freund oder Lebenspartner und willst das gerne ändern.
Betrachtungsweise 1: Ich möchte nicht mehr allein und Single sein.
Betrachtungsweise 2: Ich will einen großartigen Partner für mein Leben finden.

ONKEL SCHMUNZEL: Zack bei Tinder angemeldet und gut.

---

5 Buddha

Beide Sätze sind inhaltlich sehr ähnlich – anders ist die Betrachtungsweise. Beim ersten Satz fokussierst du dich auf das Negative und beim zweiten auf die positive Lösung. Wenn du beide Sätze liest, was empfindest du dann? Merkst du, wie dich der erste Satz hemmt und der zweite motiviert? Genau hier liegt der Unterschied. Der zweite Satz bringt dich zum Handeln, der erste nicht.
Stell dir die Frage:

> ## Was ist das Positive an der jeweiligen Situation?

Dieser Gedanke sollte dich leiten und beflügeln.
Natürlich sind wir umgeben von negativen Einflüssen, da muss ich nur meine Nachrichten-App aufmachen. Früher habe ich das morgens im Bett als Erstes gemacht und hatte nach fünf Minuten bereits das Gefühl, das alles in der Welt schlecht ist. Wie ein Kaktus musst du dich vor solchen Dingen schützen. Wenn ich jeden Tag negative Dinge lese oder mich mit Menschen umgebe, die nur über alles schimpfen, sollte ich mich nicht wundern, wenn ich das alsbald auch tue, oder? Aber wieder mal etwas, das wir selbst bestimmen können.
Sich auf positive Dinge oder das Positive in den Dingen zu fokussieren, ist eine der besten Taktiken, um das eigene Glück im Leben zu finden. Diese Betrachtungsweise hilft dir künftig dann auch, neue Dinge und neue Menschen zu ergründen. Du startest mit einer positiven Grundeinstellung und der Freude auf Neues. Ich will dir noch ein paar Quick-Wins mit auf den Weg geben, dir mir helfen:

Zähne zeigen
Ein Lächeln ist nicht nur für dein Gegenüber toll. Wenn du selbst lächelst, ist das nicht nur ein körperlicher Vorgang. Dein Kopf verbindet dein Lächeln

mit positiven Situationen und schüttet automatisch ein paar Glückshormone aus.

Schirm dich ab

Negative Nachrichten prasseln auf uns ein – tagein, tagaus. Du kannst jedoch selbst entscheiden, was du konsumierst. Schütze dich vor negativen Einflüssen.

Miesepeter zu Besuch

Ich hoffe, du kennst diesen Ausdruck. Es gibt Menschen, die an jedem und allem was zu meckern haben. Jeder ist mal schlecht drauf, aber wenn du Menschen in deinem Umfeld hast, die immer nur meckern, solltest du überlegen, dich von ihnen zu trennen.

Der gute Morgen

Wie du in den Tag startest, hat oft einen immensen Einfluss auf den weiteren Tagesablauf. Nimm dir die Zeit für einen guten Morgen und beginne den Tag mit etwas Schönem.

Diese Liste könnte ich noch zehn Seiten weiterführen. Alles liegt in deiner Macht.

Gerade im Bereich Social Media werden wir von Emotionen und negativen Gedanken überrollt, da reicht manchmal nur ein kleiner Moment.

FELIX:
Kleiner Hinweis an dich, Onkelchen.

ONKEL SCHMUNZEL:
Ich bin ja wohl Susi Sonnenschein.

19. DAS UNBEKANNTE GEFÜHL DER STÄRKE

Persönliche Stärke, Rückschläge, Eigenarten

Wenn ich mein Handy in die Hand nehme und auf Social-Media-Portalen herumsurfe, überkommen mich gemischte Gefühle. Neugierde, Interesse, aber auch verborgene Sehnsüchte. Nicht dass ich jemand anderem etwas nicht gönne, aber manchmal – und ich glaube, das ist normal – ist man geneigt, sich selbst mit anderen zu vergleichen. Gerade auf Plattformen wie Instagram passiert das schnell. Dabei geht es nicht nur um das Bild oder das Video, sondern auch um die Interaktionen mit dem jeweiligen Inhalt.

Diese Bewertung kann auch zu Unwohlsein führen. Du siehst das Bild von Annabell mit ihren 120 000 Followern und ihrem perfekten Körper oder das von Louis, der gerade in Thailand mit Waschbrettbauch am Strand langläuft. Und du? Du sitzt gerade in deiner Unterhose auf dem Sofa und hast die Tüte Chips in der Hand. Ich glaube, es ist völlig normal, dass wir uns mit anderen vergleichen. Das haben wir auch so gelernt. Unser Schulsystem zeigt uns, das es Schüler gibt, die »sehr gut« und andere, die »mangelhaft« sind.

Das Problem wird aber noch verstärkt. Meist vergleichst du dich mit Leuten, die nach deiner Auffassung schon ein paar Schritte weiter sind, die also eher ein »sehr gut« bekommen. Welches andere Ergebnis als die eigene Degradierung soll daraus entstehen? Wenn du mit einem Coaching-Business und 23 Followern startest und dir meinen Account

ONKEL SCHMUNZEL: Yes, und ich genieße es.

mit mehreren Tausend Followern und etlichem Content anschaust, ist das vielleicht im ersten Augenblick deprimierend.

Aber es gibt etwas, das hilft. Schau dir meinen ersten Beitrag an und überleg dir dann, wie lange es wohl gedauert hat, bis ich dort hingekommen bin, wo ich heute. Und eine zweite Sache, die sehr hilft, ist die Vorstellung, dass es immer ein »mehr« gibt. Auch ich blicke auf Accounts oder Profile, die mehr Menschen erreichen als ich. Der Fehler besteht auch weder im Betrachten als solches noch in der Bewertung, sondern falsch sind die Schlüsse, die wir oft daraus ziehen. Vorbilder sollen ein Anreiz sein und kein Grund, sich klein und verloren zu fühlen. Ob wir nun über dein Business oder dein Privatleben sprechen, wenn jemand einen Waschbrettbauch hat, dann hat er den nicht von allein bekommen. Er geht wahrscheinlich sehr regelmäßig ins Fitnessstudio, achtet akribisch auf seine Ernährung und tut viel dafür. Wir sehen bei anderen nur das Ergebnis und nie die Arbeit, die sie sich gemacht haben. Und wenn du ebenso viel Arbeit investierst, kannst du ähnliche Ergebnisse erzielen. Die Frage ist, ob du dazu bereit bist.

Natürlich gibt es nicht nur Dinge, die du ändern kannst, sondern auch Dinge, auf die du rückwirkend keinen Einfluss mehr hast. Annabell hat nicht nur viele Follower und einen wahnsinnigen Körperbau, sondern auch wunderschöne, grüne Augen und eine kleine Stupsnase. Gut, die Nase kannst du, wenn du es darauf anlegst, auch haben, bei den Augen wird das schon schwieriger. Aber dein Mindset entscheidet darüber, was du aus den Erkenntnissen dieser Analyse machst. Du kennst sowieso nur die halbe Wahrheit. Vielleicht kriegt Annabell auch keine Luft, weil ihre Nase so klein ist und trägt heimlich Kontaktlinsen. Neid ist nicht angebracht und eine Bewertung, die niemand braucht.

ONKEL SCHMUNZEL:
Guck mal wie peinlich: insta-gram.de/felixtho-ennessen

FELIX:
Du stehst an der Spitze des Eisbergs, den zurückgelegten Weg sieht niemand.

FELIX:
Meine Oma hat immer gesagt: »Unter der Erde sehen wir alle gleich aus – dreckig.« Und da ist viel Wahres dran.

> Wenn es Dinge gibt, die du haben
> willst, dann arbeite verdammt
> nochmal dafür. Und wenn es
> Dinge gibt, die du nie haben
> wirst, finde dich damit ab, denn
> du kannst es niemals ändern.

Ich will dir eine eigene Erfahrung mit auf den Weg geben, die mich viele Jahre sehr intensiv begleitet hat. Schau dir mal ein Bild von mir sehr genau an. Was fällt dir auf? Die richtige Antwort: Meine Augen. Ich hatte drei Augenoperationen und habe schon bei der Geburt sehr stark geschielt. Erst nach drei Operationen waren meine Augen – im wahrsten Sinne des Wortes – wieder einigermaßen auf Kurs. Heute kann ich darüber lachen, aber das war früher definitiv anders.

Als Kleinkind mit zwei Jahren hatte ich dauerhaft ein Pflaster auf einem Auge kleben. Das war immer ein kleiner Frosch, den ich Froschi genannt habe. Wobei, das ist eigentlich nicht richtig. Angefangen hat es mit einem klassischen, braunen Heftpflaster. Das sah sicherlich sehr fancy aus. Dadurch habe ich nur die Hälfte gesehen. Dass etwas anders an mir ist, habe ich zu diesem Zeitpunkt noch nicht gemerkt. Das fing vielleicht mit vier Jahren an, als ich in den Kindergarten kam. Da ist mir das erste Mal aufgefallen, dass die anderen Kinder mich manchmal mit seltsamen Blicken anschauten. Viele haben mich gefragt, ob ich nur ein Auge hätte oder warum mein Auge zugeklebt ist. Als Kind konnte ich darauf keine Antwort geben. Ich konnte ihnen noch nicht erklären, dass mein Schielen durch das Pflaster ein wenig behoben werden sollte.

Manche Kinder haben bewusst Abstand gehalten, weil sie dachten, ich sei krank. An eine Situation kann ich mich gut erinnern. Zusammen mit meiner

FELIX:
Damit meine
ich nicht meine
Haare.

ONKEL
SCHMUNZEL:
Ziemlich kreativ.

FELIX:
»Leonard, hör
zu, ich bin bei
Herrn Profes-
sor Maus in
der Behandlung
wegen meiner
Augenfehlstel-
lung und meines
Strabismus. Das
Pflaster trage
ich zur Kondi-
tionierung des
Augenmuskels.
Verstehst du?«

Mutter, einem anderen Kind und ihrer Mutter stand ich draußen vor dem Kindergarten. Die andere Mutter fragte meine Mutter, ob ich zum Kindergeburtstag ihrer Tochter kommen dürfe. Bevor meine Mutter antworten konnte, sagte das Mädchen, dass sie nicht will, dass das behinderte Kind kommt. Zunächst habe ich nicht verstanden, von wem sie spricht, bis ich realisierte, dass es um mich geht. Ich bin natürlich nicht auf den Geburtstag gegangen, wahrscheinlich hatte ich mit vier Jahren schon genug Stolz. Dieser Moment ist mir lange nicht aus dem Kopf gegangen.

Als ich etwas älter wurde, musste ich kein Pflaster mehr tragen oder zumindest nicht mehr den ganzen Tag. Das Problem mit dem Schielen bestand aber weiterhin und darauf wurde ich auch häufig angesprochen – manchmal sehr nett und manchmal sehr verletzend. Gerade als Teenager war das für mich ein großes Problem.

Wie lernt man Mädchen kennen? Meist durch den Aufbau von Blickkontakt. Ich kann zwei Frauen gleichzeitig anschauen, was aber nicht unbedingt ein Vorteil ist. So entwickelte ich aus diesem Schielen heraus eine Art Minderwertigkeitskomplex. Ich hielt mich für weniger wertvoll und hatte das Gefühl, mit mir stimme etwas nicht. Wobei das nicht richtig ist. Eigentlich wusste ich ja, dass etwas mit mir nicht stimmt, etwas, das jedem sofort auffiel. Ich kann mich an viele Situationen erinnern, dass Menschen mein Schielen auffiel, und sie versuchten, mich das nicht spüren zu lassen. Und ich vermerkte auf einer Art inneren Strichliste, dass es wieder jemand bemerkt hat. Das Schielen allein wäre kein großes Problem gewesen, aber mein daraus folgendes mangelndes Selbstwertgefühl war ein umso größeres. Als kleine Erkenntnis für dich:

> Wenn es um Äußerlichkeiten geht, ist nicht die Besonderheit wie zum Beispiel Schielen das Problem, sondern das, was diese Besonderheit mit dir und deinem Umfeld macht.

Ab einem gewissen Zeitpunkt habe ich niemanden mehr richtig angeschaut. Dadurch habe ich mich zusätzlich distanziert, weil viele Menschen dachten, dass ich weder an ihnen noch am Gespräch mit ihnen wirklich interessiert sei. Das hat die Situation im Teenager-Alter natürlich nicht verbessert. Ich habe mein selbstgeschaffenes Problem noch potenziert.

Was habe ich getan, um dieses Problem für mich persönlich zu lösen? Ich glaube, ich war ungefähr 15 Jahre alt, als ein besonderes Erlebnis alles veränderte. Du weißt sicher, wie es ist, wenn man in der Schule einen Schwarm hat, oder? So ein Schwarm für mich war Meike. Tagelang habe ich überlegt, wie ich sie ansprechen könnte und was ich sagen soll. Dann kam der Moment, auf den ich gewartet hatte. Zwei andere Jungs aus meiner Klasse hatten zwei Mädchen zum Eisessen eingeladen und ich sah meine Chance, mich dieser kleinen Veranstaltung anzuschließen. So machte ich mich auf den Weg zu Meike, um sie zu fragen, ob wir beide mit den anderen Eisessen gehen. Als ich sie endlich gefunden hatte, war ich nicht aufgeregt, sondern stand kurz vor einem Nervenzusammenbruch.

FELIX:
Ich könnte auch Marianne Musterfrau schreiben.

2 Pac – Changes

Wie gerne würde ich dir erzählen, dass sie Ja gesagt hat. Leider kommt es meist anders, als man denkt. Kurz vor mir hatte ein anderer Klassenkamerad Meike bereits gefragt und sie hatte ihm zugesagt.

ONKEL SCHMUNZEL:
Miststück.

Ich weiß noch, dass sie mir anbot mitzukommen, aber meine Niederlange war besiegelt. Deprimiert und traurig kehrte ich in die Klasse zurück und habe mir fortan vorgestellt, wie die sechs ihren Tag verbringen. Meine Mutter hatte Gott sei Dank eine glorreiche Idee. Am selben Tag ging ich mit ihr einkaufen, genau dort, wo auch die Eisdiele ist. Und ja, natürlich habe ich die sechs dort sitzen sehen, wie sie Eis aßen, lachten und einen tollen Tag hatten. Das war eine einmalige Idee meiner Mutter – eine frühe Form der Schocktherapie. Wieso ich mitgekommen bin? Das habe ich bis heute nicht verstanden.

FELIX: Eltern sind bekannt für tolle Ideen.

Aber ich habe dir versprochen, dass es für mich mehr war als eine Niederlage. Mir sind zwei Dinge klar geworden:

FELIX: Meine Mutter hält das immer noch für eine glorreiche Idee.

1. Ich muss für das, was ich will, kämpfen.
2. Die Haare müssen ab.

Rückwirkend betrachtet, befand ich mich in dem größten Transformationsprozess meines Lebens und hatte keine Ahnung, wie ich jemals aus der Sache herauskommen sollte. Ich wusste nur: Es muss sich etwas ändern. Ich will mehr sein als der Junge, der schielt. Ich hatte mich viel zu lange versteckt und erkannte mich selbst nicht mehr wieder. Wo war der Junge, der lachend mit Froschi durch die Gegend läuft und in allem das Gute sieht? Als Erkenntnis für dich:

> Manchmal wirft dich eine Niederlage um, was dir die Zeit gibt zu verstehen, was passiert ist, und mit neuem Mut zu starten.

Während der Sommerferien fand meine Transformation auch physisch statt. Zunächst kam die

FELIX:
Was für ein glücklicher Zufall. Hattest du auch eine?

FELIX:
Reimt sich.

ONKEL SCHMUNZEL:
Sagen wir mal, du bist dann ein bisschen so wie ein Tesla, bei dem man das Pedal durchdrückt.

feste Zahnspange weg, ich ließ mir die Haare abschneiden und fing an, regelmäßig Sport zu machen. Bitte versteh mich nicht falsch, ich empfehle dir weder eine neue Frisur noch eine Typveränderung. Vielmehr geht es mir darum, dir zu zeigen, dass die Entscheidung, etwas zu verändern, nur aus dir heraus erfolgen kann. Ich hoffe, du verstehst mich richtig, denn das ist mir wichtig.

Neben meiner äußerlichen Veränderung gab es aber eine weitere, wesentlich größere. Ich habe an mir und meiner Einstellung gearbeitet. Ich wusste weder wie das geht noch hatte ich schlaue Ratgeber, aber mein Wille war ungebrochen. Kennst du Momente, in denen du dich aufmachst und du die Energie förmlich durch deine Adern fließen spürst? Dann waren die Sommerferien zu Ende: Schon am ersten Tag merkte ich, dass sich etwas verändert hatte. Und wenn es nur die Reaktion auf meine äußerliche Veränderung war. Mit den ersten netten Komplimenten zu Zahn und Haar machte sich ein unbekanntes Gefühl breit, ein Gefühl der Stärke, ein Gefühl der Kraft. Ich hatte das Gefühl, wahrgenommen zu werden und ganz anders aufzutreten. Ich fühlte mich stark und selbstbewusst und nicht mehr unterlegen – ein wahnsinnig gutes Gefühl. Auf einmal schauten mich Mitschüler an, die sonst nie mit mir geredet hatten – eben, weil ich sie auch anschaute. Das Äußerliche war sicher der Auslöser, meine mentale Stärke aber das, was alles geändert hatte. Meine Veränderung war wie ein Schubs in die richtige Richtung und mit jedem Schritt folgte ein weiterer.

Ich fühlte mich unbesiegbar und wer mich persönlich kennt, der weiß, dass ich dann noch motivierter und zielstrebiger bin als sonst. Ich bekam einen komplett anderen, objektiven Blick auf die Dinge. Ich erkannte Dinge, die ich nie gesehen hatte. Dazu gehörte zum Beispiel, dass es auch in den

Parallelklassen hübsche Schülerinnen gab oder dass mir manche Fächer gefielen, die ich zuvor nie beachtet hatte. Ich erkannte Schwächen in Menschen und fühlte mich mit diesen verbunden. Mit jedem Wort, das ich mit jemandem in der Schule sprach, verschwand mein Selbstwertproblem mehr.

Ja, es liegt an dir, Stärke zu entwickeln, aber das schließt nicht aus, dass dir andere dabei helfen können. Mit Lehrern, die unfair waren, war ich es auch und kam mir manchmal wie ein Vogel vor, der über der Schule kreist und alles klarsieht. Ein paar Monate später entschied ich mich dazu, gegen den Willen meiner Eltern, die Schule zu wechseln, um meinen Neustart weiter zu forcieren.

> Wenn du etwas mit viel Kraft
> nicht ändern kannst, dann sei
> auch bereit loszulassen und
> woanders neu zu starten.

Auf der neuen Schule war ich der »Neue«, den niemand kennt und der direkt im Blickpunkt steht. Aber mit meiner neu gewonnen Stärke, war das für mich nicht wie in so mancher Teenie-Komödie, in der der Neue gleich zum Außenseiter wird. Es war rückwirkend die richtige Entscheidung und bescherte mir neben einer Menge neuer Freunde auch meine erste feste Freundin und mein erstes Mal Sex. Innerhalb weniger Monate hatte sich mein Leben komplett verändert. Die Erfahrung mit Meike war nur ein Tropfen auf den schon heißen Felix-Stein, hatte mich aber zum Umdenken gebracht.

Ich komme mir wie ein großer Bruder vor, wenn ich dich frage, was du aus meiner Erzählung für dich mitnehmen kannst. Wir könnten sagen, dass eine neue Frisur manchmal das Leben verändert,

ONKEL SCHMUNZEL:
Jetzt wird es interessant.

FELIX:
Jung, geh dir doch ein Schmuddelheftchen kaufen.

aber ich denke, die Quintessenz reicht ein wenig weiter. So oft erleben wir Momente, die sich wie Niederlagen anfühlen. Aber es kommt darauf an, was wir daraus machen und was wir für uns persönlich mitnehmen. Ich hätte in ewige Lethargie verfallen können, habe mich aber für einen anderen Weg entschieden. Ich habe bei niemandem die Schuld dafür gesucht, weder bei Meike noch bei ihrem neuen Flirt. Vielmehr habe ich für mich die Entscheidung getroffen, dass ich zu langsam und zu unsicher agiert habe, und das waren Dinge, die ich künftig ändern konnte.

> Ryan Adams – Wonderwall

Und genau darum geht es: So oft suchen wir in unserem Leben nach dem Schuldigen und diese Suche hat gleich zwei Fehler. Zum einen gibt es oft keinen Schuldigen und zum anderen ist Schuldzuweisung in solchen Fragen der komplett falsche, destruktive Ansatz. Welche Rolle spielt es, wer der Schuldige ist? Häufig keine. Vor allem suchen wir diese Schuld bei uns oder bei anderen und beides bringt uns nicht weiter. Richte deinen Blick lieber auf das, was du aus der Erfahrung mitnehmen kannst, damit du die Dinge beim nächsten Mal anders machen kannst. Vielleicht hätte es mit mir und Meike beim Eisessen riesigen Streit gegeben oder meine Mutter hätte peinliche Fotos von uns gemacht, niemand weiß das.

Den Begriff Transformation hört man immer häufiger. Vielleicht kennst du Optimus Prime, den mächtigen Transformer, der sich in einen PS-starken Truck verwandeln kann. Jeder von uns kann sich transformieren, was nicht bedeutet, dass wir uns in einem ständigen Transformationsprozess befinden sollten. Der erste Schritt, das Umlegen des Hebels, liegt immer bei dir. Die neue Klasse war gleichzeitig ein neues Umfeld für mich, was mein kleines Selbst-wert-Pflänzchen hat wachsen lassen. Manchmal sind genau solche Veränderungen Gold wert.

> ## Der Mensch ist König unter den Ameisen, aber ein Wicht unter den Riesen.

Oft lassen wir uns vom Umfeld definieren und sehen dabei nicht, dass wir es sind, die uns selbst defi-nieren. Wenn dein Umfeld dich nicht fördert oder wenn es dich herunterzieht, mach nicht dein Um-feld dafür verantwortlich, sondern ändere es – jetzt. Du hast es dir schließlich ausgesucht. Natürlich ist für deine Veränderung Kraft und Stärke vonnöten, aber dein Ziel ist es wert. Und was gibt es Schöne-res, als seinen Picknickkoffer zu packen und sich auf das Picknick am Ende des Tages zu freuen.

Jeder von uns trägt diese Stärke in sich – sie zu fin-den ist die Herausforderung. Oft dauert es Jahre, und wir haben das Gefühl, sie nie zu finden. Ich hoffe, meine kleine Geschichte hilft dir bei der Suche nach deiner Stärke. Ich würde mich freuen.

Eigentlich ist das ein gutes Ende für ein Kapitel, aber weil mich das Thema so bewegt und es so wichtig ist, würde ich gerne noch weiter bohren, okay? »Der Glaube versetzt Berge« ist eine ziem-lich treffende Weisheit. Die Frage ist nur, wie du es schaffst, an etwas scheinbar Unmögliches zu glau-ben. Du kannst dir natürlich vormachen, an etwas zu glauben, aber das wird nicht dauerhaft funktio-nieren.

An dich selbst, an deine Taten und deine Kraft zu glauben, ist nichts, was du im Sachkundeunterricht der dritten Klasse bei Frau Leipold lernst. Woher kommt also dieser unbändige Glaube? Reift der durch unsere Eltern, Erfahrungen oder Gene in uns heran? Warum gibt es Menschen, die ein schier un-

ONKEL SCHMUNZEL: Jetzt geht er ab und will auf den Zitate-Olymp.

FELIX: Auch wenn man das in der Schule lernen sollte. Aber das ist ein anderes Thema.

endliches Reservoir dieses Glaubens besitzen und andere nicht? Ich hoffe, es ist okay für dich, wenn ich ein neues Kapitel dazu beginne, das Thema ist mir zu wichtig.

ONKEL SCHMUNZEL:
Ich entschuldige mich mal für deine Unentschlossenheit.

FELIX:
Wären doch alle so fokussiert wie du, Onkelchen.

20. WOHER KOMMT DER GLAUBE AN SICH SELBST?

Glaube, Therapie, Transformation

Da habe ich mir etwas eingebrockt. Eine der elementarsten Fragen in unserem Leben und das größte Problem der meisten Menschen in einem Kapitel zu behandeln. Aber wir wollen den Mehrwert für dich ja maximieren, oder? In meiner kleinen Erzählung zuvor hast du gemerkt, dass es gar nicht so einfach ist, an dich selbst und das, was du auf dem Kasten hast, zu glauben. Heute gehe ich ganz anders damit um. In vielen Vorträgen erzähle ich, wie lange ich mich dafür geschämt habe zu schielen. Nachdem ich das überwunden hatte und darüber sprechen konnte, ist etwas Lustiges passiert:

FELIX:
Man hört, ich habe Marketing studiert.

Dermot Kennedy – Giants

In einer größeren Keynote hatte ich vor 2500 Menschen vom Schielen erzählt. Am nächsten Tag saß ich im Büro und suchte nach Bildern, die man im Netz über mich findet. Dabei muss man zwangsläufig den eigenen Namen in die große Suchmaschine eingeben. Ich tippte also langsam »Felix Thönnessen« ein und schaute überrascht auf meinen Bildschirm. Bestimmt weißt du, wie das ist, wenn Google dir mithilfe der Autovervollständigung Begriffe vorschlägt. Gleich der erste Vorschlag fiel mir ins schielende Auge: »Felix Thönnessen Glasauge«. Ich habe etwa 20-mal hingeschaut und konnte es zuerst gar nicht glauben.

ONKEL SCHMUNZEL:
Nicht, dass da noch was Verbotenes auftaucht.

Wer googelt bitte so etwas? Ich empfand eine Mischung aus Überraschung, Wut und Verwirrung. Aber mit der Zeit habe ich für genau so etwas eine Taktik entwickelt.

Ich stelle mir eine sehr mächtige Frage:

Was kann ich daraus machen?

Genau das habe ich mich in diesem Moment dann auch gefragt und bin auf eine gekommen. Gehen wir das mal pragmatisch an und schauen uns an, was es für Antworten gäbe. Du kannst deine Ideen jetzt schon hier reinkritzeln:

FELIX:
Ich habe das mal galant formuliert.

ONKEL SCHMUNZEL:
Ich hoffe, das ist Ironie.

1. Ich suche den Urheber und fordere ihn zum Duell.
2. Ich ignoriere es und trinke einen leckeren Hagebuttentee.
3. Ich mache etwas daraus, das mich weiterbringt.

ONKEL SCHMUNZEL:
Gut kombiniert, Watson.

Alles was dich überrascht und ungewöhnlich ist, kannst du nutzen. Nein, das ist Quatsch. Eigentlich ist sogar alles nutzbar. Ich habe mir also in diesem Fall die Frage gestellt, wie. Zunächst habe ich mich aber gefragt, warum jemand das überhaupt googelt. Ich habe bei ganz vielen Vorträgen über mein Schielen gesprochen, ein Problem mit meinen Augen. So haben sich wohl einige Leute gedacht, dass ich ein Glasauge hätte. Klar, jeder, der schielt, hat auch ein Glasauge. Die Begründung war also schnell gefunden, aber nicht minder interessant. Zeigt sie doch so wunderbar, wie wir Menschen ticken. »Eh Herbert, der Thönnessen hat was mit den Augen.«

ONKEL SCHMUNZEL:
Ungefähr so wird das wahrscheinlich abgelaufen sein.

»Ja Doris, ich glaube, der hat ein Glasauge, das hat Kalle auch gesagt.«

Nun zur entscheidenden Frage, was ich daraus mache und wie es mir hilft. Mein erster Nutzen ist:

Ich erzähle es in meinen Keynotes. Das Publikum findet es sicher lustig. Aber ich wollte noch mehr. Wenn Leute es suchen, dann könnte ich diesen Leuten doch gleich etwas anbieten, und so habe ich es entwickelt:

»Das Felix-Glasaugen-Spiel«

Als kleiner Felix verkleidet, kannst du hier herabfallende Glasaugen einfangen. Wer die meisten Glasaugen fängt, kann tolle Preise gewinnen. Damit du nicht denkst, ich spinne, fordere ich dich zum Duell heraus: *felixthoennessen.de/glasauge* Mein Rekord liegt bei 1450 Punkten. Kannst du mich schlagen?

Vielleicht ist das ein bisschen verrückt, aber es zeigt, was genau ich mit der Frage oben meine: Was kannst du daraus machen? Und das gilt vor allem für Dinge, die im ersten Moment stören, pieksen oder dich unglücklich machen. Das gilt übrigens sowohl beruflich als auch privat. Wie oft passieren auch privat Dinge, die uns im ersten Moment aus den Socken hauen. Lass uns hier mal <u>einen kleinen Test</u> machen:

1. <u>Warst du schon einmal in einer Liebesbeziehung?</u>
2. Ist eine dieser Beziehungen einmal zu Ende gegangen?
3. Hat der andere Partner die Beziehung beendet?
4. Warst du danach getroffen, traurig oder betrübt?
5. Würdest du rückwirkend sagen, dass es gut war, dass diese Beziehung zu Ende gegangen ist?

Ich wette, eine Menge Leute – vielleicht auch du – würden alle Fragen mit Ja beantworten, auch wenn sie nach der Trennung anfangs sicher wahnsinnig

ONKEL SCHMUNZEL: Komme ich sonst ins Monopoly-Gefängnis?

FELIX: Also zu einem anderen Menschen. Nicht zu deinem Kuscheltier.

traurig waren. Wir fühlen den Moment und weniger das, was rational irgendwann daraus entsteht. Da kommt keiner auf die Idee, sich sofort die Frage zu stellen, was sich daraus machen lässt. Wir sind impulsiv, emotional und verletzt, und das ist auch völlig okay. Die Frage ist, wie lange wir das sind und wann wir uns auf den Weg machen.

Gerade wenn es um Trennungen geht, ist der Glaube an sich eines der stärksten eigenen Schutzschilde. Hier habe ich eine tolle Erfahrung gemacht, die mir gezeigt hat, wie wichtig er ist: Ich war etwa sechs Monate mit meiner Freundin zusammen und es lief zwar nicht alles toll, aber auch nicht alles schief. Ich hatte mich zu Beginn der Beziehung nicht wirklich geöffnet. Darum habe ich meiner Freundin eine Woche vor dem Zeitpunkt, von dem ich dir gleich erzähle, ein paar sehr persönliche Dinge von mir erzählt. Ich dachte, wenn wir weiterkommen wollen, sei es an der Zeit, das zu tun und sie an ein paar Dingen teilhaben zu lassen. Wir haben sehr intensiv und emotional darüber gesprochen. Eine Woche später erreichte mich auf dem Rückweg von Köln eine WhatsApp-Nachricht.

»Hey Felix, es tut mir echt leid, aber ich glaube, das funktioniert nicht mehr zwischen uns […] Lass das bitte so stehen und vielleicht können wir irgendwann Freunde sein.«

»Woop woop, der Gute-Laune-Bus fährt ab. Bitte alle einsteigen.« Die Rückfahrt war voller widersprüchlicher Gefühle. Wie kann sie sich per WhatsApp trennen? Warum trennt sie sich überhaupt? Ist sie nicht mehr ganz klar im Kopf? Meine Gefühlswelt war ganz durcheinander. Natürlich ist es daneben, sich per WhatsApp zu trennen, aber das war nicht das Schlimmste. Das Schlimmste war der Teil ihrer Nachricht, in dem sie mich bat, sie mehr oder weniger in Ruhe zu lassen. Ich fühlte mich meines Rechts beraubt, mich dazu zu äußern und kam mir vor wie

ONKEL
SCHMUNZEL:
Felix, »toll«
ist eine schöne
Beschreibung für
das, was gleich
kommt.

ein Stalker oder eine Nervensäge. In Kombination mit der Erkenntnis, dass sich ein Mädchen vom großen Felix trennt, hat mir das die Füße weggehauen. Die nächste Woche lag ich durchweg im Bett und wusste nicht, was ich tun sollte. Natürlich habe ich sie angerufen und mit ihr geredet, aber wirklich verstehen konnte ich es nicht. Am meisten wunderte mich, dass es mich so aus der Bahn warf. Die Erkenntnis, woran das lag, hat ziemlich lange gedauert.

Eine Woche lag ich im Bett und habe Tierfilme geschaut. Ich hatte keine Ahnung, was ich tun sollte, aber ich habe mir jeden Tier- und Naturfilm angeschaut, den ich gefunden habe. Warum? Keine Ahnung. Ich war froh, wenn ich geschlafen habe und nicht mehr daran denken musste. Mein Herz war gebrochen. Aber warum nur? Warum fühlte ich mich so schwach, dass ich nicht einmal mehr aus dem Haus gehen konnte?

ONKEL SCHMUNZEL: Jeder geht mit einer Trennung anders um.

> David Guetta – Never be alone

Ich fühlte mich abgelehnt und zurückgewiesen, und dieses Gefühl kannte ich nicht, wenn es um meine Partnerin ging. Nicht, dass ich so ein toller Hecht bin, aber es hatte sich noch nie eine Frau von mir getrennt. In der Regel war es andersherum. Und jetzt kam diese Frau daher und trennte sich von mir – und dann auch noch per WhatsApp

Nach sieben Tagen fand ich keinen Tierfilm mehr und musste auch langsam aufräumen, was sich in meiner Wohnung angesammelt hatte. Die Enttäuschung blieb, aber ich entschied, dass ich nicht so weitermachen kann. Und vor allem ein Gedanke wuchs in mir: Wenn es mich so verletzte und das, obwohl wir uns vielleicht gar nicht richtig geliebt hatten, dann liegt es an mir und nicht an ihr. Sie war nur der Auslöser, wie damals Meike. Versteh

FELIX: Ich fühle mich, als würde ich einem Freund mein Liebesleben erzählen.

mich nicht falsch, eine Beziehung per Handy zu beenden ist feige und respektlos, aber diese starke Enttäuschung in mir, hatte eine andere Ursache. Und sie war der Auslöser für meinen zweiten großen Transformationsprozess.

Ich habe ein wenig Gänsehaut, während ich das schreibe, weil ich mich gut an dieses Gefühl erinnern kann. Ich sah aus wie ein Wrack und hatte auf gar nichts mehr Lust. Bis ich erkannte, dass diese Erfahrung mein eigenes Selbstwertgefühl massiv in Mitleidenschaft gezogen hatte und ich alles und vor allem ihre Entscheidung auf mich transferierte, ist einige Zeit vergangen. Am Ende konnte ich sogar Verständnis für ihre Entscheidung aufbringen, nicht für die Art der Trennung, aber für ihren Grund.

Auch über die Tierfilme habe ich nachgedacht und verstand, warum ich zum Tiergucker geworden war. Die eigenen Probleme erscheinen kleiner, wenn man sie von weiter weg betrachtet und sich des großen Ganzen auf der Welt bewusst wird.

Es hat ein paar Tage, vielleicht Wochen gedauert, bis ich meine Stärke wiederfand. Aber es war eine andere Stärke als zuvor. Am Anfang habe ich mich selbst dafür verurteilt, dass ich so deprimiert war. Ich wollte mir diese Schwäche nicht eingestehen. „Ein Indianer kennt keinen Schmerz", lautete mein Lebensmotto. Aber auch Indianer werden von Pfeilen getroffen und empfinden Schmerz und Leid.

> Auch als Mann kannst du
> Schwäche und Trauer zeigen
> und bist dadurch kein Weichei.

Im Gegenteil: Schwäche zu zeigen erfordert mehr Kraft als aus Stolz einen auf oberkrassen Gangster zu machen.

Deine Stärke und dein Glaube können sich auch in Form von Mut ausdrücken, indem du dich anderen öffnest und zu deiner eigenen Verletzlichkeit stehst. Wenn dich etwas schon lange beschäftigt, dann lass es raus.

> Manches wird nicht besser,
> aber nichts wird schlechter.

Verletzbar zu sein, bedeutet nicht, die ganze Zeit in der Ecke zu sitzen und zu weinen. Aber stell dir vor, dein Partner sagt Dinge, die dir weh tun oder dich verletzen. Dann wäre es doch fatal, wenn du das nicht mitteilst. Das ist aber nur der erste Schritt. Im zweiten Schritt kommt es darauf an, wie du es sagst. Klar kannst du ordentlich Rabatz machen und auf Attacke gehen, um ja niemandem zu zeigen, dass du verletzt bist. Das wird sicher ein produktives Gespräch. Oder du teilst deinem Partner mit, dass es dich verletzt und bittest sie oder ihn, es nicht mehr zu tun. Dadurch bist du kein Softie oder weichgespült, sondern stehst zu deinen Emotionen und hast kein Problem damit zu sagen, dass du verletzt bist. Oft merken andere Menschen gar nicht, dass sie dich verletzen, und gerade dann ist es deine Aufgabe, dieses Gefühl auch zu teilen.

> Nur wenn du dich selbst verletzbar
> zeigst, wirst du ein erfülltes und
> glückliches Leben führen.

Wenn ich meine Gefühle dauerhaft für mich behalte und im wahrsten Sinne des Wortes in mich hineinfresse, werde ich irgendwann von ihnen aufgefressen. Ich bin dann nicht mehr ich selbst, weil ich so viele ungehörte Emotionen gesammelt habe. Nur wenn du sie herauslässt, bist du ehrlich und aufrichtig zu dir. Das klingt nicht nur schlau, sondern ist aus einem anderen Grund wichtig: Wenn du alles zurückhältst, verrätst du dich selbst. Das bedeutet

ONKEL SCHMUNZEL: Sagst du das gerade über deine eigenen Sätze?

noch lange nicht, dass du aufgrund deiner Emotionen alles verändern musst. Manchmal hilft einfach ein Mitteilen, gerade wenn du mit der Ausgangssituation ansonsten zufrieden bist.

Wir sind nun schon länger gemeinsam auf der Reise. Stell dir vor, du setzt nur einen Teil der Dinge um, die du hier gelesen hast. Dann kommst du deinen Zielen wesentlich näher und erreichst bestimmt einen Teil von ihnen. Ich wünsche es dir. Wenn du den Weg gemeistert hast und Erfolge feierst, bist du umso motivierter, weitere Wege zu gehen. Doch lass uns an dieser Stelle noch einmal genauer hinsehen.

ANKOMMEN, WO DU HINGEHÖRST

21. DER ERFOLG MIT DIR SELBST

Erfolg, Herzschlag, Kreativität

Lass uns über Erfolg sprechen, den Erfolg, der sich einstellt, wenn du deine Ziele erreichst. Dabei darfst du entscheiden, wie du Erfolg für dich definierst. Für den einen ist es Glück in der Familie, für den anderen Erfolg in Beruf und Karriere. Wie man bei uns im Rheinland sagt: »Jeder Jeck ist anders«. Wie definierst du Erfolg für dich? Was macht Erfolg für dich aus? Wie beantwortest du diese Frage für dich? Für mich bedeutet Erfolg, beruflich zu tun, was ich liebe, und privat, mein Leben mit den Menschen zu genießen, die ich liebe. Eigentlich recht einfach zu definieren. Fällt dir das auch so leicht oder musst du grübeln?

> Wenn du erfolgreich – gleich mit welcher Definition – sein willst, ist es extrem wichtig, Chancen zu ergreifen.

Nea – Some Say (Felix Jaehn Remix)

Zu oft lassen wir uns Chancen entgehen oder erkennen sie gar nicht erst. Ich stelle mir das sehr gerne bildlich vor. Eine Tür öffnet sich und es ist meine Entscheidung, einzutreten oder zu warten, bis die Tür sich wieder schließt. Viele Menschen warten auf den Erfolg, als sei er eine Yogastunde, die sie gebucht haben. Irgendwann kommt der Trainer schon – Schuldigkeit getan. Das ist gerade beruflich leider selten der Fall. Der Erfolg fällt dir nicht in den Schoss, sondern du musst dafür etwas tun. Dazu erzähle ich dir eine Geschichte aus meinen beruflichen Anfängen.

Ich erinnere mich noch, wie mein erstes Büro aussah – ein Raum mit 22 Quadratmetern und 3 Meter hohen Decken in einem restaurierten, alten Gymnasium. Mein Gott hat es mir Spaß gemacht, es einzurichten. Ich hatte damals 500 Euro zur Verfügung, um ein echtes Büro daraus zu machen. Das ist schon eine ziemliche Herausforderung. Mein Weg führte mich zu Ikea, wo ich ausgesucht habe, was ich bezahlen konnte. Ich brauchte einen Schreibtisch, einen Schreibtischstuhl, eine Beratungsecke, Pflanzen und wenigstens ein bisschen Deko. Klingt unmöglich? War es nicht.

FELIX:
#keinewerbung

ONKEL
SCHMUNZEL:
Die haben dir
doch dein
Wohnzimmer ein-
gerichtet.

Natürlich standen da keine Rolf-Benz-Couch und keine USM-Regale, aber ich fand mein Büro wirklich ansehnlich. Die Schreibtischplatten waren Küchenarbeitsplatten auf Arbeitsböcken – wesentlich billiger als ein toller Eckschreibtisch. Als Beratungsstühle wählte ich Korbsessel und meine Aufzeichnungen und die Bücher aus dem Studium fanden auf einem Billy-Regal Platz – fertig war der Palast.

Laptop, Drucker, Telefon und Fax besaß ich zum Glück schon. So konnte es eigentlich losgehen. Ich erinnere mich an meinen ersten Montag im »Büro«. Ich zog mir einen schicken Anzug an und machte mich die 300 Meter auf den Weg. Ich packte meinen Laptop aus und streckte mich erstmal – Zeit zum Loslegen.

Es gab nur ein kleines Problem. Ich hatte keine Kunden und ich hatte auch keine Ahnung, wie ich schnell welche bekommen sollte. Ich war bereit wie ein Rennpferd in der Box, wusste aber nicht, wie ich starten sollte. Ein paar Tage vorher hatte ich mein Unternehmen in die Gelben Seiten eintragen lassen und meine Website online gestellt. Es musste doch dann eigentlich bald jemand anrufen, oder? So saß ich erwartungsvoll da – vielleicht 30 Minuten. Es

ONKEL
SCHMUNZEL:
Na komm Felix,
du kennst deine
Ungeduld. Es
waren maximal
fünf Minuten.

230

passierte natürlich nichts. Um Punkt 12.30 Uhr habe ich dann Mittagspause gemacht – leicht deprimiert. Ich bin damals zum Mittagsessen immer zu meinen Großeltern gefahren, denen ich von dem stotternden Start erzählte. Wie immer hatten sie eine Lösung: »Jung, du hast keinen Geldbaum im Büro.« Ich wusste nicht einmal, was ein Geldbaum ist. Meine Großeltern erzählten mir, dass diese Bäume Glück bringen und für Umsatz sorgen. Trotz meiner Horoskop-Vergangenheit war ich mehr als skeptisch. Aber als mein Opa mir erzählte, dass er auch einen im Büro hatte, war klar, dass ich einen brauchte. So bin ich in den Baumarkt gefahren und habe mir eine solche Pflanze gekauft. Nachdem ich sie aufgestellt hatte, konnte ich dann auch gleich Feierabend machen – ein erfolgreicher Tag.

ONKEL SCHMUNZEL: Du hattest ja eh nichts zu tun.

Am nächsten Tag ging ich wieder mit Elan ins Büro und habe mir überlegt, dass ich aktiv werden müsse und wie der erste Schritt aussehen kann. Ich muss schmunzeln, wenn ich daran denke. Ich entwickelte eine Art Schlachtplan. Ich lasse dich daran mal teilhaben:

ONKEL SCHMUNZEL: Das ist schon mein Wort.

Schritt 1: Wen kenne ich, der meine Leistungen kaufen könnte, und sei es nur mir zuliebe?
Schritt 2: Wie könnte ich Werbung machen, ohne Geld auszugeben?
Schritt 3: Wer könnte mir bei meinem Problem helfen?

Rückwirkend betrachtet haben mich diese drei Fragen in die Selbstständigkeit geführt. Natürlich nicht in fünf Minuten, aber das größere Problem hieß eben: Wie werde ich mit meinem Business erfolgreich? Und auf diese Frage wusste ich damals keine konkrete Antwort. Eines der mächtigsten Tools des Coachings ist es, Dinge herunterzubrechen. Stell dir das wie eine Pyramide vor. Ganz oben steht dein Ziel. Welche untergeordneten Ziele bringen dich näher dorthin? Dieses Tool kannst du privat und beruflich anwenden.

Schritt 1: Meine Leistung ähnelte damals dem, was ich heute anbiete. Ich bot an, Unternehmen zu helfen, mit Marketing mehr Kunden zu gewinnen. In erster Linie durch die richtige Positionierung, ein perfektes Marketingkonzept und mehr Bekanntheit. Das Problem in meiner kleinen Heimatstadt war aber, dass die meisten mit Marketingkonzepten und tiefgreifenden Strategien nicht viel anfangen konnten. Das, was ich in der Beratung in Düsseldorf gemacht hatte, ließ sich auf dem Land nicht umsetzen – schade auch. Aber ich kannte eine Menge Leute und diesen Vorteil habe ich genutzt. Ich habe mit meinen beiden Onkeln einen Termin gemacht, die beide auch selbstständig waren. Nach einem zweistündigen Gespräch hatte ich meine ersten Aufträge – insgesamt 1500 Euro für zwei Websites, inklusive Text, Bildern, SEO und allem Drumherum. Das ist heute sicher ein ziemlicher Kampfpreis, war aber damals ein wahnsinniges Gefühl für mich. Ich konnte zwar keine Websites erstellen, aber das ließe sich schon lösen – Hauptsache Umsatz. 1500 Euro bedeuteten einen ganzen Monat keine Geldsorgen.

Schritt 2: Ich musste Werbung machen. Nur hatte ich so gut wie kein Geld und die Websites mussten auch fertig werden. So habe ich mir gleich mehrere bahnbrechende Aktionen überlegt. Die erste war grandios. Ich joggte damals immer auf der Hauptstraße zwischen zwei Dörfern, auf der ziemlich viele Autos fahren. Und daraus kann man doch was machen. Ich habe mir drei Laufshirts bedrucken lassen. Auf ihrer Rückseite prangte die Frage »Lust auf mehr Kunden?« und ein Verweis auf meine Web-

ONKEL SCHMUNZEL: Nicht.

site. Und ich bin ab dem Moment jeden Tag joggen gegangen – also gleich zwei Fliegen mit einer Klappe. Dann kam mir noch eine Idee. Ich habe spezielle Flyer mit einem Locher gelocht und in das Loch habe ich kleine Saugnäpfe gedrückt. So konnte ich meine Flyer an den Seitenscheiben der Autos befestigen. Ich bin aber auch ein altes Schlitzohr.

FELIX:
Sag das zehn Mal schnell hintereinander.

Schritt 3: Ich stand ganz am Anfang und brauchte definitiv Hilfe. Ich hatte kein Geld für Coaching oder einen Mentor. Also habe ich überlegt: Wer sind die bekanntesten und erfolgreichsten Unternehmer unserer Stadt? Genau die habe ich erst auf- und dann angeschrieben und gefragt, ob sie zehn Minuten Zeit für mich hätten, um folgende Fragen zu beantworten:

- Warum sind sie so erfolgreich?
- Was würden sie an meiner Stelle jetzt tun?
- Was waren ihre größten Learnings der vergangenen Jahre?
- Kennen Sie jemanden, mit dem ich unbedingt sprechen sollte?

Das Feedback war super. Es haben sich wirklich ein paar Leute Zeit genommen, um mit mir zu sprechen und einige Tipps waren sehr hilfreich.

Drei simple Schritte können dir helfen, egal in welcher Situation du dich befindest. Such dir Menschen, die dich unterstützen. Denk dabei gerne über Familie und Freunde hinaus. Auch wenn du vielleicht eher privat Hilfe brauchst. Wer nicht fragt, kriegt keine Hilfe. Sei bei deinen Lösungen kreativ. Ja, wir stecken oft fest und wissen nicht, wie es weiter geht. Manchmal müssen wir dann neue, unbekannte Wege beschreiten.

FELIX:
Kleiner Tipp: Wenn du die Leute konkret mit dem Namen ansprichst, ist die Chance auf Hilfe übrigens größer. »Felix, kannst du mir helfen?«

The Weeknd, Daft Punk – I feel it coming

Langsam kamen die ersten kleinen Umsätze bis zu meinem ersten großen Auftrag. Ich war immer noch nicht lange selbstständig, aber es ging um ein paar Tausend Euro und ich sollte mein Angebot präsentieren. Und natürlich habe ich mir in die Hose gemacht. Ich hatte keine Ahnung, wer da sitzt und mich beäugt. Als ich den Auftrag bekam, war ich berauscht und hatte das Gefühl, auf einer Rakete zu sitzen. Was ich dann gemacht habe? Ich bin zu Aldi gefahren und habe mir eine Flasche Champagner gekauft. Den habe ich zu Hause aufgemacht und mit mir selbst angestoßen. Das klingt vielleicht traurig, aber es war alles andere als das.

> Deinen Erfolg solltest du
> zunächst mit dir selbst feiern.
> Sei stolz auf das, was du
> erreicht hast und reflektiere,
> was dich dorthin gebracht hat.

FELIX:
Davon gibt es leider auch in der Coaching-branche genug. Die tragen meist sehr offensicht-lich ihre Glitzer-Uhr zur Schau. Ob sie etwas kompensieren müssen?

ONKEL SCHMUNZEL:
Klar, Mini-Schmiddelwutz.

FELIX:
Ehm, ...

Das machen wir viel zu wenig. Stattdessen hüpfen wir von Projekt zu Projekt.

Wenn dein eigener kleiner Siegesmoment vorbei ist, nimm dir die Zeit, deinen Erfolg mit anderen zu feiern. In Momenten des Siegs erkennt man die wahren Gewinner – Menschen, die sich dann um den unterlegenen Gegner kümmern oder ihren Erfolg mit anderen teilen. Wie der Fußballer David Alaba, der sich im Moment seines größten Siegs um andere sorgte, die ihm und seiner Mannschaft unterlagen. Das macht für mich wahre Größe aus. Teile deinen Sieg mit anderen.

Es gibt auch Leute, die ihre Siege auf Kosten anderer feiern und ihre eigenen Selbstwertprobleme nur lösen können, indem sie andere herunterputzen.

Aber auch, wenn du nicht erfolgreich bist, ist das okay. Wer dir etwas anderes erzählt, den darfst du vom Hof schicken. Misserfolge sind Teil des Spiels.

Wie soll es auch gehen, dass wir immer alle gewinnen.

Beruflich möchte ich vorankommen, also gehören auch Rückschläge dazu. Stell dir das wie einen Herzschlag auf dem EKG vor – hoch und runter. Was würde wohl passieren, wenn es nur eine gerade Linie wäre? Misserfolge sind keine Schande. Solange du alles für deine Sache gegeben hast, sei zufrieden mit dir. Ich habe mehr als einmal ins Klo gegriffen oder mir erhofft, dass etwas anders kommt. Ich gebe dir ein Beispiel:

Es war der 23. Dezember und ich hatte eigentlich Weihnachtsurlaub, wollte aber noch schnell am Büro vorbei – die Post holen. Bei der Durchsicht fiel mir ein Brief auf, weil er so förmlich aussah. Es war ein Schreiben einer Anwaltskanzlei. Da ich eigentlich ein ziemlich rechtschaffender Bürger bin, habe ich mir nichts dabei gedacht. Aber so kurz vor Weihnachten kam mir das irgendwie surreal vor. Ich öffnete den Brief langsam und merkte gleich, es war mehr als nur ein Blatt. Das umfassende Schreiben enthielt mehrere Seiten mit diversen Vorwürfen. Dazu gehörten Verstöße gegen das Telemediengesetz. Um es simpel zu sagen, fehlten kleinere Angaben in meinem Impressum und bestimmte Passagen meiner Allgemeinen Geschäftsbedingungen waren wohl rechtlich nicht ganz sauber. Ich sage es mal recht deutlich: Nichts Gravierendes, was du nicht auf 99 Prozent aller Websites finden würdest. Ich sollte eine Menge Geld zahlen oder alles ändern und die Frist zum Antworten war eng gesetzt. Du erinnerst dich, es war der 23. Dezember und zwischen den Feiertagen einen Anwalt zu finden, ist nicht einfach.

Glaub mir, es hat mir die Beine weggezogen. Wer verschickt so etwas einen Tag vor Heiligabend? Welcher Wettbewerber verklagt dich wegen Lappalien an Weihnachten? Warum nimmt die Person

FELIX:
Vielleicht habe
ich aber auch
eine zu romanti-
sche Vorstellung
vom Weihnachts-
fest.

nicht den Hörer in die Hand und ruft einfach an? Offenkundig ging es um etwas anderes. Wir hätten uns grafisch bei der Erstellung unserer neuen eigenen Website wohl zu sehr an ihrer eigenen orientiert. Wir sind in derselben Branche und haben beide grün als Unternehmensfarben – ganz verhindern lassen sich Ähnlichkeiten dann wohl nicht, aber selbst dann würde ich niemanden verklagen. Erstens, weil es wichtigere Dinge in unserem Land, unserer Gesellschaft gibt, und zweitens, weil ich einfach angerufen hätte.

Meiner damaligen Geschäftspartnerin hat es so die Beine weggezogen, dass sie kurze Zeit später alles aufgegeben hat. So stand ich dann allein mit der Sache da, die mich noch Monate meines Lebens und viel Geld kosten sollte. Damals habe ich oft darüber nachgedacht, alles aufzugeben. Der seelische Druck durch Hunderte Anwaltsschreiben und immer mehr Drohungen war nicht mehr auszuhalten und das in einer Phase, in der ich mehr denn je zu tun hatte. Ich wusste nicht mehr vor und zurück und mir fiel auch niemand ein, der mir helfen konnte. Monatelang gingen meine Einnahmen an den eigenen Anwalt, wirklich gelöst hat sich das Problem dadurch nicht. Selbst als ich einen letzten Versuch unternahm und mit der Person ein persönliches Gespräch ausmachte, wurde es nicht besser. Ich habe in keiner Phase meines Unternehmerseins mehr gelernt als in dieser. Auf die meisten dieser Erfahrungen hätte ich gerne verzichtet.

Es hat mir aber auch gezeigt, dass Menschen sehr verschieden sind und dass ich lernen muss, mit solchen Rückschlägen umzugehen.

FELIX:
In dieser Phase hätte ich gerne jemanden gehabt, der mir die Frage stellt: »Was kann im schlimmsten Fall passieren?«

ONKEL SCHMUNZEL:
Das hast du aber nett ausgedrückt.

> Lerne mit Rückschlägen
> umzugehen, denn du wirst
> sie nicht verhindern.

Dieses Learning war für mich sehr wichtig. Bis dahin hatte ich so etwas nicht gekannt. Vor allem deshalb nicht, weil ich selbst nicht so agieren würde. Aber gerade beruflich solltest du nicht von dir auf andere schließen. Das bedeutet auf keinen Fall, dass du dich nicht auf andere einlassen kannst, sondern vielmehr, dass Rückschläge dazu gehören. So wie du Erfolge feiern darfst, musst du mit Herausforderungen klarkommen. Und genau wie du auch Erfolge mit anderen feiern darfst, solltest du in Zeiten von Rückschlägen bei anderen Rat suchen.

Menschen, die dir in diesen Situationen helfen können, sind Gold wert. Solche Menschen solltest du aktiv an dich binden. Viel zu oft umgeben wir uns mit Menschen, die zu vielem Ja und Amen sagen. Natürlich ist das der einfachste Weg, aber wenn du privat und beruflich weiterkommen willst, solltest du Menschen in deinem Umfeld haben, die dir wertschätzend und ehrlich ihre Meinung mitteilen.

So jemand solltest du aber auch für andere sein. Scheue dich nicht, deine Meinung zu sagen, wenn in deinem Umfeld Dinge passieren, die du nicht für richtig hältst. Ob der andere deine Anregungen annimmt, ist eine andere Sache. Wenn du regelmäßig ehrlich deine Meinung äußerst, wirst du zum Vorbild, zum Vorbild für dich und andere. Ich bin den Menschen sehr dankbar, die mich auf meinem Weg begleitet haben und mir so oft zur Seite standen.

22. EIN KLEINER MOMENT DER DANKBARKEIT

Danke für deine Mail

Gestern Abend erreichte mich eine E-Mail, die mich sehr bewegt hat. Ein junger Mann bedankte sich für eines meiner Bücher. Doch nicht darüber dachte ich noch stundenlang nach. Er war 28 Jahre, hatte einen Schlaganfall und war gerade dabei, alles wieder neu zu erlernen – Sprache, Bewegung, einfach alles und das mit 28, in einem Alter, in dem die wenigsten Menschen über einen Schlaganfall nachdenken. Er berichtete mir, dass eines meiner Bücher auf seinem Nachttisch liegt und er oft – auch in schlechten Momenten – hineinschaut. Beim Lesen bekam ich Gänsehaut, so überwältigt war ich von meinen Gefühlen.

In seiner Mail brachte er seinen unbedingten Willen zum Ausdruck, alles neu zu erlernen und alles dafür zu geben, wieder richtig sprechen und schreiben zu können. Ich widme dieses Kapitel ihm und allen Menschen, die niemals aufhören, an sich und ihre Träume zu glauben und unaufhörlich dafür kämpfen. Wenn du über dein eigenes Leben nachdenkst, wirst du zwangläufig an Dinge denken, die nicht so gelaufen sind, wie du es dir gewünscht hättest. Hoffentlich denkst du aber auch an schöne Dinge, die du durch deinen Kampfgeist erreicht hast. Dankbarkeit für das, was du hast, ist eine unglaubliche Waffe. Der entscheidende Punkt ist, diese Dankbarkeit zu feiern und sich ihrer immer wieder zu erinnern. Klingt albern? Ist es nicht.

Dermot Kennedy – Power over me

Nehmen wir nur einen einzigen Tag und all die Hunderte Momente, die er mit sich bringt. Beginnen wir mit morgendlichem Aufstehen aus einem wohlig-warmen Bett. Das ist für dich selbstverständlich? Sollte es nicht sein. Acht Milliarden Menschen leben auf dieser Erde und was glaubst du, wie viele von ihnen morgens nicht auf einer großen, gefederten Matratze aufwachen, während die Heizung läuft? Danach springst du unter die warme Dusche. Über zwei Milliarden Menschen auf der Welt haben keinen regelmäßigen Zugang zu fließendem Wasser. Kannst du dir das vorstellen? Würdest du nur einen Morgen dankbar dafür sein? Dankbar für ein elitäres Leben.

Jeder zehnte Mensch auf dieser Welt kann diese Zeilen nicht lesen, egal in welcher Sprache sie verfasst sind, denn so viele Menschen auf der Welt können nicht lesen, geschweige denn schreiben. Sie können keine Bücher lesen, keine Schilder interpretieren und bekommen auch keine Whatsapp-Nachrichten.

In Gambia, Nepal oder Kirgisistan liegt das monatliche Einkommen unter 100 Euro. Wenn ich mit einem Geschäftspartner essen gehe, gebe ich mehr aus, als man dort durchschnittlich in einem Monat verdient. Ja, die Lebenshaltungskosten sind sicher anders, aber sie sind alles andere als proportional niedriger. Für wie viele Dinge brauchst du Geld und wie wenig ist ohne Geld möglich?

Wusstest du, dass die Lebenserwartung in Zentralafrika bei circa 55 Jahren liegt? In Deutschland liegt sie bei über 80 Jahren. Das sind 25 Jahre mehr Lebenszeit. 25 Jahre bedeuten unfassbar mehr Möglichkeiten, Chancen und einzigartige Momente. Ich will gar nicht darüber nachdenken, warum die Lebenserwartung dort so niedrig ist. 9000 Kilometer trennen mich zum Beispiel vom Kongo. Ein paar Stunden Flug entfernt geboren würde mein Leben komplett anders aussehen.

FELIX:
Vielleicht fühlst du dich ein wenig angegriffen. Das ist okay, mir geht es genauso.

Ich will keinen Vortrag darüber halten, wie es in unserer Welt zugeht und wie gut du es hast. Das musst du für dich entscheiden. Vielmehr geht es mir darum, dass wir oft vergessen, wie elitär und privilegiert wir jeden Tag genießen dürfen. Ein Hartz 4-Empfänger in Deutschland wäre in manchen Ländern finanziell gesehen ein König. Meist sehen wir nur das, was wir nicht haben, und dürsten nach mehr. Das Momentum der Dankbarkeit verstreicht in Sekunden. Und nein, ich bedanke mich nicht jeden Tag bei meinem Bett. Aber ich sollte mich häufiger meines Lebens erfreuen und Gott, meinen Eltern oder wem auch immer dafür danken, wo ich lebe und welches Geschenk mir gemacht wurde.

Der Mann von gestern Abend hat in seinem noch jungen Leben einen Schock erlebt. Das ist nicht fair und doch nun Teil seines Lebens und ein Schicksalsschlag, den er nicht mehr ändern kann. Dennoch ist er voller Hoffnung, voller Kraft für das, was nun folgen wird. Er kämpft mit seinem unbändigen Willen dafür, wieder dort sein zu können, wo er schon einmal war, und lässt sich nicht aufhalten. Das finde ich bewundernswert und ich frage mich, ob ich in so einem Moment die Kraft dafür hätte.

Man braucht aber keinen Schicksalsschlag, um sich dessen bewusst zu sein, was einen umgibt oder was man verlieren könnte. Was man dazu braucht, ist gesunder Menschenverstand gepaart mit Achtsamkeit und genügend Zeit für Dankbarkeit. Eine kleine simple Methode, ist ein Dankbarkeitstagebuch zu führen. Ob das dann ein Tage-, Wochen- oder Monatsbuch ist, spielt keine Rolle. Es geht darum aufzuschreiben, für welche Dinge du im Leben dankbar bist und welche Dinge dir an diesem Tag, in dieser Woche oder in diesem Jahr begegnet sind. Das können kleine und große Dinge sein.

Als Kind habe ich gerne Tagebuch geführt. Meine Tagebücher habe ich heute noch. Oft klingen sie so:

»Heute war ein schöner Tag. Papa hat mir ein Eis gekauft und die Sonne war warm. Wir waren im Schwimmbad und ich war zehnmal auf der Rutsche.«

Ich muss schmunzeln, wenn ich das lese. Wie leicht war es doch, mich glücklich zu machen. Heute wären das alltägliche Dinge oder Momente, für die ich wahrscheinlich nicht mehr in dieser Form dankbar wäre. Diese Dinge aufzuschreiben, ist wissenschaftlich nachgewiesen hilfreich. Zum einen, weil du alles aufschreibst und es so nicht mehr vergisst, und zum anderen, weil du diese Situationen noch einmal durchlebst. Der Aufwand ist minimal und der Ertrag vor allem langfristig hoch. Du bist einen Stift und ein kleines Notizbuch davon entfernt. Du kannst es auch einfach hier ins Buch schreiben.

FELIX:
Ehrlich gesagt,
wahrscheinlich
gar nicht mehr.

Übrigens mache ich das auch als Unternehmer. Ich habe eine große Papprolle im Büro hängen, auf der ich die Dinge des Monats notiere, für die ich dankbar bin. Wie anspruchsvoll du mit dir und diesen Momenten bist, darfst du selbst entscheiden.

> Zu oft nehmen wir etwas
> als gegeben hin, für das wir
> dankbar sein sollten.

Was habe ich für ein Glück, hier zu sitzen und ein Buch zu schreiben. Wer auf der Welt darf seine eigene Passion leben und sein Geld damit verdienen? Viele andere Menschen schuften jetzt in einer Mine, arbeiten 15 Stunden am Fließband oder würden alles für einen Job tun. Ich bin gesegnet.

Twista, Anthony Hamilton – Sunshine

Manchmal schreibe ich nicht nur eine Liste, sondern ich schreibe mir selbst einen Brief – einen Dankbarkeitsbrief. Einen Brief, in dem ich dem Leben dafür danke, was ich alles erleben darf, wie gut es mir geht und wofür ich dankbar bin. Ich beginne diese Briefe immer so:

»Hey Leben, ich wollte dir mal eben danke sagen …«

Hier will ich eine kleine Geschichte mit dir teilen: Ich kam nach einem langen Tag nach Hause und hatte nicht besonders gute Laune. An diesem Tag war das meiste nicht wie gewünscht gelaufen. Genervt öffnete ich meinen Briefkasten. Oben auf der Couch schaute ich schnell durch die Briefe und ich öffnete einen Brief der SOS-Kinderdörfer. Post von dem Leiter des Kinderdorfs, in dem mein Patenkind lebt. Erst jetzt fiel mir auf, dass ich schon länger nichts mehr von ihm gehört hatte. Nach der Einleitung erklärte der Leiter, dass es den meisten Bewohnern des Dorfs wieder gut geht, nachdem das ganze Dorf überschwemmt und fast alles zerstört worden war.

In diesem Moment schämte ich mich. Ich schämte mich dafür, dass ich nicht einmal gewusst hatte, dass das Dorf überschwemmt worden war. Dabei hatte ich sogar gehört, dass Teile Thailands überschwemmt worden waren. Aber ich hatte nicht darüber nachgedacht, dass auch mein Patenkind betroffen sein könnte. Irgendwo zwischen zwei meiner Business-Termine ist seine Lebensgrundlage und sein Dach über dem Kopf weggeschwemmt worden. Wie verschieden können Leben sein? Obwohl es eine Verbindung zwischen uns gab, habe ich nichts mitbekommen. Am Schlimmsten war der Gedanke, dass alles schon Monate zurücklag und es mich die ganze Zeit nicht einmal gedanklich beschäftigt hatte.

Wir sind viel zu sehr mit uns selbst beschäftigt, als dass wir uns darum kümmern würden, wie schlecht es vielen Menschen auf dieser Welt geht. Kinder, die nichts zu trinken haben, Frauen, die gegen ihren Willen beschnitten werden und Menschen, die unter Diktatoren leben müssen. Aber es ist nicht nur so, dass wir uns damit selten auseinandersetzen, sondern wir sind uns nicht einmal unseres eigenen Glücks bewusst. So sind wir doch alle ein stückweit undankbar, oder? Ich fühle mich oft hilflos und überlege, was ich gegen dieses Unrecht tun kann. Mir stehen so viele Möglichkeiten offen, doch weiß ich nicht, wie ich anderen am besten helfen kann. Ja, ich spende ab und an etwas oder versuche, im Kleinen Menschen zu helfen. Aber reicht das?

Menschen im Nahen Osten verlieren ihre geliebte Partnerin bei einem Raketenangriff und Kinder wachsen ohne Eltern auf, weil sie bei einem Tsunami umkamen. Etwas, das für mich unvorstellbar ist. In dieser Welt passieren Dinge, die für uns nicht greifbar sind. Es gibt Menschen, die es nicht verdienen, als solche bezeichnet zu werden, weil sie rücksichtslos und ohne Skrupel schwächeren Menschen Leid und Schmerzen zufügen. Es ist an dir, für Gerechtigkeit zu sorgen. Ich rufe dich nicht zu Selbstjustiz auf, aber ich möchte etwas anderes von dir:

> Beschütze andere, die es selbst nicht können. Hilf ihnen, wo sie sich selbst nicht helfen können, und schenke ihnen deine Kraft. Gib ihnen, was sie selbst nicht haben. Dann wirst du eine Dankbarkeit erfahren, die sich nicht in Worte fassen lässt.

PS: Allen da draußen, die sich in diesem Kapitel wiedererkennen, wünsche ich von Herzen viel Kraft. Gib niemals auf und glaube an dich – ich tue es.

23. GIBT ES ETWAS SCHÖNERES?

Ankommen, Krawall, Verabschiedung

Zoe Wees – Girls like us

Was ist schöner, als mit hochgerissenen Armen die Ziellinie zu überschreiten – sein eigenes Ziel erreicht zu haben. Ich erinnere mich gerne daran, als der Verlag mein erstes Buch zu mir nach Hause schickte und ich mit Gänsehaut das Paket auspackte. Ein unbeschreibliches Gefühl als ich meinen Namen auf dem Cover sah. Viele Monate harte Arbeit waren in ein Buch geflossen, welches ich jetzt in den Händen hielt. Wie stolz ich mit dem Buch unterm Arm rumgelaufen bin und jeden an meinem Glück habe teilhaben lassen. <u>Stolz auf das, was ich mit harter Arbeit und vielen Stunden am Rechner geschaffen hatte.</u>

FELIX: Auch wenn die Vorstellung mit der Schreibmaschine eine schönere ist.

Natürlich gibt es Menschen, die sich nicht so mit dir freuen, wie du es dir erhofft hast. Die vielleicht neidisch sind und dir deinen Erfolg nicht gönnen. Auch diese Erfahrung habe ich gemacht. Im Moment des eigenen Erfolgs kann das ein ziemlicher Game-Stopper sein. Du rennst elektrisiert zu jemanden und berichtest stolz von deiner Tat und das Feedback zieht dich so sehr auf den Boden, dass es deine Energie schwinden lässt. Aber auch hier gilt wie so oft, dass dies meist nichts mit dir selbst zu tun hat. Vielmehr ist es Neid auf das, was du erreicht hast und die Zweifel an der eigenen Leistungsfähigkeit. Und das, nochmal, hat nichts mit dir zu tun.

In Momenten des Erfolgs habe ich eine Eigenschaft an mir entdeckt, die ich sehr zu schätzen weiß. Etwas, das ich nicht mehr missen möchte: Ich liebe es, meinen Erfolg mit anderen zu teilen, aber nicht, dass sie mich anhimmeln oder bewundern sollen. Nein, sondern ich liebe es, wenn sie auch etwas von diesem Erfolg haben.

> Lass andere an deinem
> Erfolg teilhaben und mache
> sie auch erfolgreich.

Wenn ich etwa einen großen Auftrag reinhole, freue ich mich darüber mit meiner Freundin, Freunden oder der Familie darauf anzustoßen oder sie zum Essen einzuladen. Oft mache ich anderen dann kleine Geschenke und freue mich, wenn ich sehe, wie sie sich auch freuen. So verdopple ich für mich das Glück und freue mich für mich als auch für den anderen.

Bitte glaub mir, ich habe genug Eigenschaften, an denen ich gerne noch arbeiten möchte. Aber diese mag ich sehr an mir. Vielleicht ist es sogar ein Begeisterungsmerkmal. »Willst du den Charakter eines Menschen erkennen, gib ihm Macht.«[6] Dieses Zitat beschreibt sehr gut, was ich selbst in diesen Situationen denke. Auch wenn Macht und Erfolg hier nicht gleichzusetzen sind, ist die Wirkung für mich dieselbe. Ich fühle mich stark und machtvoll und sehe es als meine Aufgabe, andere daran teilhaben zu lassen.

Natürlich gibt es auch das Gegenteil: Menschen, die erfolgreich sind und sich durch den Erfolg verändern. Bis zu einem gewissen Punkt kann ich das nachvollziehen, aber es gibt einen Punkt, wo es zu

---

6 Abraham Lincoln

viel wird. Erfolge zu feiern und zu Recht stolz zu sein, ist menschlich, aber sich selbst über andere zu stellen, andere zu diffamieren oder erfolglos wirken zu lassen, gehört nicht dazu.

Kanye West – Homecoming

ONKEL SCHMUNZEL: Jetzt kommst du kurz vor Schluss noch mit deinem Ghetto-Hip-Hop.

Ich bin ein wenig in Krawallstimmung, weil mir grade in meiner Branche eine Menge solcher Heiopeis und Heiopeiinas einfallen. Menschen, die anderen die Kohle aus der Tasche ziehen und sich an anderen bereichern, ohne auch nur ansatzweise einen erkennbaren Mehrwert zu liefern. Deren Mission besteht darin, Geld zu verdienen und das auf jede mögliche Art, ob darunter jemand leidet oder sein letztes Hemd verliert, interessiert niemanden. Versteh mich nicht falsch, gute Leistung sollte oder besser muss auch gutes Geld kosten. Aber mit den Gefühlen anderer Menschen zu spielen, um an ihr Geld zu kommen, ist widerlich. Ich glaube dabei auch an Karma im Leben und hoffe, dass sich der Spieß irgendwann umdreht und diesen »Dienstleistern« Selbiges im Leben widerfährt. Ich frage mich, ob es an der falschen Erziehung, fehlendem Selbstwertgefühl oder einfach nur zu viel Egoismus liegt. Aber mir ist der Grund egal und jede Zeile und jede Sekunde meines Lebens an solche Menschen Verschwendung. Gerade deshalb solltest du dich fragen, mit wem du deine Erfolge feierst, wer dich deinen Zielen näherbringt und wer eben nur egoistische und eigene Ziele verfolgt. Verlassen wir diesen Pfad, bevor ich noch dumme Dinge tue.

ONKEL SCHMUNZEL: Soll ich ein paar Namen hier reinkritzeln?

Ich freue mich über die Erfolge anderer Menschen. Natürlich würde ich mir bei manchem wünschen, diese Dinge selbst zu erreichen. Aber dieses Gefühl transferiere ich in Energie und zusätzlichen Antrieb und nicht in missmutigen, energiesaugenden Neid. Erfreue dich am Erfolg anderer. Sei selbst ein

Mentor für andere und helfe ihnen auf ihrem Weg.
Auch hierzu habe ich ein kleines Beispiel:
Ich hatte einen große_n Vortrag auf einer großen
Veranstaltung_. Am Vorabend standen wir mit einigen Teilnehmerinnen, Mitarbeitern und anderen
Leuten vor der Halle und sprachen über den nächsten Tag. Einer der Gesprächsteilnehmer war mir
gänzlich unbekannt und lauschte der Gesprächsrunde still. Ich fragte ihn, was er denn so tun würde.
Leicht verlegen antwortete er, dass er auch Speaker
werden will und dafür gerade trainiert. Kennst du
das Gefühl, dass du jemanden gleich sympathisch
findest? Bestimmt, oder? So erzählte er von seinen
ersten Schritten und dass er sich freut, irgendwann
auf der Bühne zu stehen.
Mein Kopf ist oft voller wirrer Gedanken, aber in
dem Moment sah ich mich dort stehen. Blonde
Haare, leicht schüchtern, der Wunsch, Großes zu
bewirken ... Ich musste ein wenig schmunzeln,
weil ich das Gefühl hatte, dass das kein Zufall sein
kann. Und sofort schoss mir ein Gedanke durch den
Kopf, der mich nicht mehr losließ. Wie kann ich diesem jungen Mann helfen, seinem Traum näherzu-
kommen? Was kann ich als kleiner Redner machen,
um ihn zu unterstützen?
Ich hatte meine Keynote für den nächsten Tag
fertig – 30 Minuten zum Thema Marketing. Nicht
gerade viel, aber dennoch spürte ich diesen unbedingten Drang. Ich fragte ihn also, was er morgen vorhat und er antwortete mir, dass er viele
Vorträge hören will, auch meinen. Und ich fragte
weiter, ob er nicht Lust hätte, selbst etwas zu sagen.
Er schaute mich verdutzt an. Es war einer dieser
besonderen Momente im Leben. Niemand in der
Gesprächsrunde sagte etwas und alle warteten,
dass etwas passiert. Ich fragte ihn, ob er nicht die
ersten zehn Minuten meiner Keynote übernehmen
will. Mit großen Augen und völlig überrascht schau-

ONKEL
SCHMUNZEL:
Scheint eine
GROSSE Num-
mer gewesen zu
sein. ☺

te er mich an und verstand nicht direkt, was das bedeutet. Also fragte ich nach, ob er es schaffen würde, bis zum nächsten Tag einen kleinen Vortrag vorzubereiten. Mit einem großen Lächeln sagte er zu. Eigentlich wollten wir alle essen gehen, aber er verabschiedete sich, denn er hatte nun etwas zu tun.

Am nächsten Tag stand er dort vor mir und mein Gefühl bestätigte mich umso mehr. Ich sah mich selbst vor mir stehen und musste abermals schmunzeln. Ich empfand unendliche Dankbarkeit. Ich hatte mir selbst geholfen, mir selbst die Hand gereicht und war stolz auf das, was ich tue. Stolzer als ich jemals nach einem erfolgreichen Vortrag war.

Suche nach Menschen in deinem Leben, denen du die Hand reichen kannst. Für die du ein Vorbild und ein Mentor bist. Wie wundervoll wäre unsere Gesellschaft, wenn jeder jedem die Hand reichen würde. Wie viele Hände würden sich schließen? Wenn ich dein Mentor sein durfte, <u>dann zaubert mir das ein Lächeln aufs Gesicht</u>.

ONKEL SCHMUNZEL: Und mir natürlich. ⟶

PS: Ich hoffe mein digitaler Begleiter hat dich bis hierhin begleitet. Dann sende mir jetzt ein »fertig«.

24. MUSIKLISTE

Hier hast du nochmal alle Lieder aus dem Buch im Überblick. Ich hoffe, sie gefallen dir so wie mir.

Was ist deine Superkraft?
Coldplay – Every Teardrop Is a Waterfall
Three doors down – Be like that

Wie einzigartig bist du?
Rita Ora – Only want you
Band of Horses – The funeral

Mein unglaubliches Lieblingstool
Coldplay – Yellow
Alida, Robin Schulz – In your eyes

Die acht Säulen des Glücklichseins
The Game – Hate it or love it
Tracy Chapman – Happy

Zufrieden mit den schönen Dingen
John Farnham – You're the voice
Jessie J – Bang, Bang

Sei dein eigenes Vorbild
Twocolors – Lovefool
Florence and the machine – You've got the love

Muss ich mich jetzt ändern?
Herbert Grönemeyer – Bleibt alles anders
Florence and the machine – Say my name (Spectrum) Calvin Harris Remix

Wege gehen
Aloe Blacc -- The Man
Wincent Weiss – Weit weg

Du hast einen Wunsch frei
Bosse – Der letzte Tanz
Mj Cole, Freya Ridings – Waking up

Finde deine Mission
José James – Kissing My Love
Zoe Wees – Control

Eine Handvoll Entscheidungen
Lewis Capaldi – Someone you loved
Richard Marx – Right here waiting

Die Entscheidung deines Lebens
George Michael – Freedom
All 4 One – I swear

Mutig mit Wind in den Segeln
Tom Gregory – Fingertips
The Weeknd -- Blinding lights

Du Angsthase
Emily Roberts – In this together
Joshua Radin – Lean on me (Acoustic)

Dein Traumberuf – Türsteher
Mark Forster – Bist du okay
Gnarly Gibbs – Follow the sun

Stress im Griff
David Guetta (feat. Kid Cudi) – Memories
James Morrison – I won't let you go

Zeit habe ich leider nicht
Led Zeppelin – Stairway to heaven
John de Sohn, Rasmus Hagen - Love you better

Dein Blick auf die Dinge
Vize, Laniia - Stars
Lady Gaga, Bradley Cooper –– Shallow

Das unbekannte Gefühl der Stärke
2 Pac – Changes
Ryan Adams – Wonderwall

Woher kommt der Glaube an sich selbst?
Dermot Kennedy – Giants
David Guetta – Never be alone

Der Erfolg mit dir selbst
Nea – Some Say (Felix Jaehn Remix)
The Weeknd, Daft Punk – I feel it coming

Ein kleiner Moment der Dankbarkeit
Dermot Kennedy – Power over me
Twista, Anthony Hamilton - Sunshine

Gibt es etwas Schöneres?
Zoe Wees – Girls like us
Kanye West – Homecoming

25. ICH DANKE DIR, …

… dafür, dass du mir zuhörst, meinen Worten lauschst, meine Beiträge kommentierst oder ich dir in bestimmten Situationen mit meinem kleinen Wissen helfen darf. Ich danke dir, dass du meine Videos schaust, mir E-Mails schreibst und mich so immer wieder ermutigst weiterzumachen. Du bist meine Inspiration, du bist meine Energie und mein Warum – ohne dich fehlt alles.

Ich durfte viele Stunden mit diesem Buch verbringen und habe allein in diesen Monaten so viele nette und aufmerksame Nachrichten oder Reaktionen bekommen, die mich während des Schreibens immer wieder motiviert haben.

Ein Mentor wäre nichts ohne seine Mentees, ein Redner nichts ohne sein Publikum und ich wäre nichts ohne dich.

Danke.
Dein Felix

26. ÜBER FELIX

Meine Oma hat immer gesagt: »De Jung kann reden wie en Wasserfall.« Und mittlerweile darf ich bereits seit mehr als zwölf Jahren Menschen mit Impulsen und Inspiration zu unternehmerischem und persönlichem Wachstum begeistern – auf Bühnen, in Büchern und als Mentor.

Mit acht Jahren startete ich meine erste Selbstständigkeit. Zugegeben, das Business mit der selbstgemachten Limonade wurde kein Unicorn. Doch ich fühlte, das ist mein Ding. 23 eigene und über 1000 begleitete Gründungen später lautet meine Essenz: Unternehmertum beginnt bei Neugier, wächst mit Motivation, lebt von Begeisterungsfähigkeit und wird einzigartig durch Kreativität. Und all mein unternehmerisches Wissen gebe ich leidenschaftlich gerne weiter.

Ich könnte dir jetzt erzählen, dass ich schon über 1000 Vorträge gehalten habe – unter anderem bei der Hälfte der DAX-Konzerne, TEDx und Greator –, dass ich acht Bücher geschrieben, vier Jahre Teilnehmer wie Little Lunch oder Einhorn bei der TV-Show *Die Höhle der Löwen* gecoacht und zwei Staffeln als Coach der RTL Primetime-Sendung *Zahltag* Menschen bei der Verwirklichung ihrer Träume unterstützt habe. Von Begriffen wie »Bestseller-Autor« oder »Speaker des Jahres« ganz zu schweigen. Aber das will ich nicht. (Guter Trick, oder?) Ich mache all das, weil es mir unglaublich viel Spaß macht, Menschen zu begeistern und weiterzubringen.

Apropos, Spaß. Mit zehn Jahren war ich begeisterter Pfadfinder. Und noch heute bin ich als Pfadfinder im Einsatz. Nur meine Pfadfinderkluft habe ich gegen Jackett und Hosenträger getauscht. Ich lese Spuren, sehe den Wald vor lauter Bäumen und helfe anderen dabei, den Weg zu ihrem Ziel zu finden. Dabei hat

ONKEL SCHMUNZEL: Das war ja eigentlich klar. Wege finden und so.

sich eigentlich nur meine Zielgruppe verändert: von einer Horde vorpubertärer Jungs und Mädels zu gestandenen Unternehmern und Konzernen.

Jetzt fragst du dich: In welche Schublade stecke ich den Thönnessen jetzt? Ist er nun Speaker, Mentor, Entertainer, Autor, Visionär, Business-Influencer oder Pfadfinder mit Hosenträgern? Wenn du eine Schublade mit der Aufschrift Tausendsassa findest, kannst du mich gut und gerne dort ablegen. Als Guide für Unternehmen. Als Entertainer unter den Business-Keynote-Speakern. Als Geschichtenerzähler mit Quintessenz. Und wenn selbst ntv findet »Der Mann weiß, wovon er spricht«, muss da ja was dran sein.

Denn mein Publikum steigt mit mir gemeinsam in einen sprudelnden Whirlpool voller authentischer Geschichten: vom schielenden Dorfjungen über den erfolgreichen achtstelligen Exit bis hin zu den verrücktesten Start-up-Stories. Daraus mache ich für meine Zuhörer:innen Infotainment – meine ganz eigene Mixtur aus Fachwissen, Humor, Erfahrung und rheinischem Unterhaltungswert. Frontalbeschallung à la Lehrer Lämpel? Pustekuchen. Onkel Schmunzel bringt das Infotainment-VIP-Paket auf die Bühne, inklusive Impuls-Häppchen und Motivations-Spießchen. Egal ob in Vorträgen oder Coachings, letztendlich transportiert die Art der Wissensvermittlung den Inhalt per Schnellstraße in die Köpfe. Und bleibt noch lange in Erinnerung.

ONKEL SCHMUNZEL: Yes Sir.

So bewege ich Menschen dazu, ihre Träume zu verwirklichen, gebe ihnen Impulse und neue Sichtweisen mit. Als Mentor für Start-ups und Unternehmer, als Autor und als Keynote-Speaker. Ich liebe es, zu unterhalten und meine Begeisterung zu teilen. Denn Begeisterung ist der Beginn von etwas Neuem. Und wo wir gerade bei Träumen sind: Das hätte sich meine Oma ganz bestimmt nicht träumen lassen.

Mehr über mich findest du hier: *felixthoennessen.de* und wenn du Videos auch magst, dann hier entlang: *youtube.com/felixthönnessen*